U0192211

高等学校建筑类专业设计作品集

湖南省可持续建筑设计竞赛获奖作品选集

丛书主编　石　磊

可持续建筑设计竞赛获奖精品集（2020年）

Portfolio of Sustainable Architecture Design Competition (2020)

解明镜　主编

中国建筑工业出版社

序　一

近些年来，我们国家的建筑教育在不断的探索中前行。在这个进程中，陆续出现了以地区院校之间的交流为主体的现象。这种现象的产生，一是丰富了交流活动的内容，二是拓展了不同院校交流的层次，三是增强了师生交流的信心。从目前的几个地区的建筑教育交流活动来看，实效性更强，取得了令人意想不到的成果。各地所采取的交流形式也愈加多样，内容也愈加广泛，这是十分有意义的。

湖南省的建筑教育同仁结合实际，敏锐地抓住了不同层次建筑院校的需求、愿望和契机，获得大家公认的实效。他们由最初的六校发展到八校，再由八校发展到十三校，不过短短的几年时间；内容上也从联合毕业设计，走向了教育与教学相融合的设计竞赛。近两年竞赛组委会不断完善了设计主题，并制定了相关规则，使其更趋规范化。这些措施不仅激发了广大师生的热情，影响力也越来越广泛。竞赛也由最初的民间活动提升为由湖南省教育厅直接主办的官方活动，十分值得肯定。这些变化不仅体现出湖南省建筑教育人士的远见和力量，也体现出活动参与者的努力和付出。

在国家建筑业发展的背景下，建筑教育同仁们实实在在地关注建筑教育的内涵，以建筑教育的规律为根本，不断强化建筑设计课程的实质，尤其令人钦佩。建筑教育有其自身规律，在外界不断变化的波动时代，我们更应该不忘初心，抓住实质，不断前行。

张伶伶
2022 年 8 月 15 日

序　二

为贯彻落实《国务院办公厅关于深化高等学校创新创业教育改革的实施意见》（国办发〔2015〕36号）、《教育部关于加快建设高水平本科教育全面提高人才培养能力的意见》（教高〔2018〕2号）和《教育部关于深化本科教育教学改革全面提高人才培养质量的意见》（教高〔2019〕6号），由湖南省教育厅主办，中南大学承办的湖南省大学生可持续建筑设计竞赛于2020年正式启动，每年举办一次。大赛旨在深化高等学校教育成果，推动全省高校积极探索建筑设计创新人才培养机制，深入推进高校建筑设计人才培养模式、教学内容和教学方法改革，切实强化大学生研究创新能力、实践动手能力和团队协作精神的培养与训练，提高建筑设计人才培养质量。

湖南省大学生可持续建筑设计竞赛是全国范围内为数不多的由省教育主管部门主办的建筑设计竞赛之一，因此得到了湖南省13所开设了建筑学专业院校的高度重视和师生的积极响应，被誉为“湖南省建筑学专业学子的奥林匹克大赛”。竞赛的主题紧贴社会发展目标和需求，鼓励、引导未来的建筑师们共同参与探讨可持续建筑设计理论、设计方法等社会关注的热点问题，培养和提升了学生服务经济社会发展的意识和能力。同时通过竞赛的组织对湖南省建筑学专业院校之间的交流，对湖南省的建筑教育也起到了积极的推动作用。中南大学作为竞赛承办单位，主动发起本丛书的编撰，将精选每年的获奖作品并分别按照年度结集出版。该精选作品集展现的不仅仅是竞赛获奖作品本身，也是为了记录湖南省各建筑院校致力于培养人才、潜心教学、改革创新的时代身影，从一个侧面反映中国可持续建筑教育不断进取所取得的成就，为全国建筑院校提供了可资借鉴的可持续建筑设计教学案例，为提高建筑设计人才培养质量发挥应有的作用。

2020年的湖南省首届大学生可持续建筑设计竞赛通过校赛、复赛、决赛三个环节，在近千份作品中选拔了270份进入复赛；经过8位专家的通讯评审打分选拔出95份作品入选决赛；聘请张伶伶教授等5位著名专家学者进行现场决赛评奖，评选出14个一等奖、27个二等奖、54个三等奖，最终将部分获奖作品及竞赛花絮进行收集、整理并付印出版。

本书主要分为两大板块：第一板块为精选的42份获奖作品图纸，覆盖了湖南省13所建筑院校，这些作品是学生系统思维与设计能力的综合反映，也是对教学质量的一次高标准检测；第二板块为获奖院校师生笔谈，通过了解师生们在建筑设计教学与竞赛中的切身体会，展示了建筑师生们继往开来、精益求精、不断创新的精神和宏图愿景。在本书出版之际，我谨代表中南大学建筑与艺术学院衷心感谢湖南省教育厅、中南大学各位领导对本项竞赛的支持和帮助，衷心感谢各位专家和所有参赛院校的老师和同学的辛勤付出。也期待本项竞赛能越办越好，为湖南省的建筑教育作出新的贡献。

中南大学建筑与艺术学院院长　石磊

2022年8月

目　录

二等奖

一 竞赛概述

2020 年湖南省大学生可持续建筑设计竞赛概述

湖南省首届大学生可持续建筑设计竞赛由湖南省教育厅主办，中南大学承办，建筑与艺术学院组织。大赛以“后浪时代的大学空间”为主题，要求自选大学校园内的真实场地，设计 3000 ～ 6000m^2 的校园建筑，旨在培养同学们作为校园空间的建设者与使用者，去思考大学校园空间需求的本质。大赛受到湖南省建筑学高校师生的广泛关注，吸引了湖南大学、长沙理工大学等 13 所高校报名参赛。

组委会及评审团合影照片

参赛作品评审现场照片

竞赛组委员在近千份作品中选拔了 270 份进入复赛。2020 年 12 月 13 ～ 20 日，经过 8 位专家的线上评审打分选拔出 95 份作品入选决赛，并于 12 月 26 日上午聘请省内外著名行业专家张伶伶教授、李保峰教授、蒋涤非教授、杨瑛总建筑师、罗劲总建筑师、徐峰教授、石磊教授组成评审团，在中南大学建筑与艺术学院进行现场决赛评审。评审团根据严格的决赛评审要求，通过现场细致谨慎的比选，对 95 份作品进行了全面审核，最终评选出 14 个一等奖、27 个二等奖、54 个三等奖和 6 个优秀组织奖。并以“**新时代建筑学专业教育评价探索**”为主题，召开了湖南省高等学校建筑学专业院长论坛。

大赛与论坛的结合，既为湖南省各高校的同学们提供了一个活跃建筑创作思路、加强实践设计能力、开展互动合作交流的平台，给予他们接触实际问题和思考设计的一个新维度；又有利于高校深化高等学校教育成果，推动全省高校积极探索创新型建筑设计人才培养机制，切实强化了大学生研究创新能力、实际设计能力和团队协作精神，达到提高建筑设计人才培养质量的总目标。

2020 年湖南省大学生可持续建筑设计竞赛题目

一、竞赛主题

本次竞赛以“后浪时代的大学空间”为题，旨在考察同学们以校园空间的建设者与参与者的身份，如何批判性地思考大学校园空间需求的本质、技术与人的关系；又如何以设计思维和技术手段去解决现实社会与生态问题，使空间环境成为延续和传播校园物质文化的重要载体，达到以文“化”人、环境育人的教育效果。

二、设计内容及要求

1. 设计内容

本次设计自选大学校园内的真实场地，范围不限。可选择的类型如下。

（1）校园新建筑设计：在已有校园空间自选场地，设计 3000 ～ 6000m^2 的校园建筑，内容和功能自定；

（2）校园老建筑改扩建设计：在某个已建成的老校区内选择一个 3000 ～ 6000m^2 的建筑空间进行改造设计，内容和功能自定。

2. 设计要求

（1）参赛方案的真实场地要求。所有方案应采用实际地形，立足于调查研究，在理性分析的基础之上进行设计，体现出研究型设计的特点。

（2）提交方案包含但不限于规划、建筑空间设计、交互设计等，我们鼓励跨学科、跨专业的设计合作。以期能够促成不同领域的深度交流，创新设计与数字技术在未来校园的深度应用，真正实现对于未来校园的创新性改变。

（3）图纸表达规范，图纸能充分表达作品创作意图，且须包含必要的设计说明（可组合于图面之中）等，比例不限；竞赛官方语言为中文，度量单位为公制单位。

（4）要求采用通用建筑设计软件绘制成图。鼓励但不强制使用点云数据导入 Autodesk Revit 软件处理生成建筑信息模型（BIM）。

二 获奖作品

一等奖

1 校园AB面：光照不进的角落

提起大学校园，人们往往会联想它的积极面：校园精神和文化传承、学术交流与项目创新。然而新闻媒体却给我们展示了校园的另一面，大学生消极、抑郁甚至自杀事件夺人眼球，它们就像校园里的阴暗角落，真实存在却常常被名校光环掩盖。

高校心理健康已经成为不容忽视的问题，有学者先后尝试对部分城市或地区的高校学生进行调查，从已经公开发表的结论和数据观察，高校学生的心理健康情况不容乐观。

面对这些数据和报道，需要反思的不只我们，还有整个校园环境。后浪时代的大学校园应该直面这些负面情绪，积极引导学生在安全、舒适、健康的环境中学习和成长，帮助他们正确面对情绪、甚至获得疗愈。

2 高校学生：压力与失控

高校学生是尤为特殊的一类群体，正从象牙塔逐渐步入社会，面对逐渐加剧的竞争和外在压力，负面情绪如果得不到疏导和积极转化，往往处在压力与失控的边缘，容易出现过激行为。

综合场地以及人群调研，我们提出了情绪博物馆这一概念，它包括情绪体验与情绪疗愈两部分。前者对情绪进行空间转译，帮助人们了解并控制情绪，后者结合场地的动物与自然，创造疗愈空间。

压力
内在：期待过高
负面循环
外在：贩卖焦虑
不断积压
消极情绪
转换失败-极端行为
温和介入:动物与自然
转换成功
积极情绪
情绪博物馆：我与黑猫
情绪体验
情绪空间转译
展览、科普
情绪疗愈
猫咖、氧吧

3 场地：自然、动物、我与黑猫

场地依傍后湖，眺望岳麓山，并设有临湖步道来增强人与自然的互动

周边封闭的建筑群使得场地与城市喧嚣隔绝开来，适宜打造疗愈型场所

场地内生活着许多流浪猫，有着完整的族群关系，并且经常有爱宠者在周边遛狗遛猫，对动物来说，环境也比较友好

后湖
临湖休闲步道
学生公寓
一喜民宿
广场&舞台
艺术家公馆
武立方
芙蓉国剧场
品尝茶餐厅
天马夜市
交通

4 空间语法：造型与优化

我们在场地原有的两种元素基础上——自然和动物，结合未来大学的科技与想象，找到了最符合的空间原型：极小曲面。通过不同的组合，它能营造出不同的空间感受。

两个尺寸相同的极小曲面基本单元，通过空间拓扑可以产生74种组合方式，我们根据其带来的空间感受，将其分为三个大组，作为建筑空间转译的基本语汇。

三组空间整体代表了情绪患者的心理变化过程，由最初的逃避与恐惧到发生冲突与抗争，最终通过情绪疗愈，获得自我和解与平静。它们将成为建筑展览空间序列的基本原型。

一只猫的空间？ + 场地的自然语义 + 未来大学科技感 = 极小曲面？
确定模数
生成极小曲面
切割
两种基本单元
逃避与恐惧
冲突与抗争
和解与平静
Ⅰ
Ⅱ
Ⅲ

作品名称：情绪博物馆——我与黑猫

作者：和译、韦开杰、蔡永怡、严靖童　　指导老师：李旭、许昊皓　　学校：湖南大学

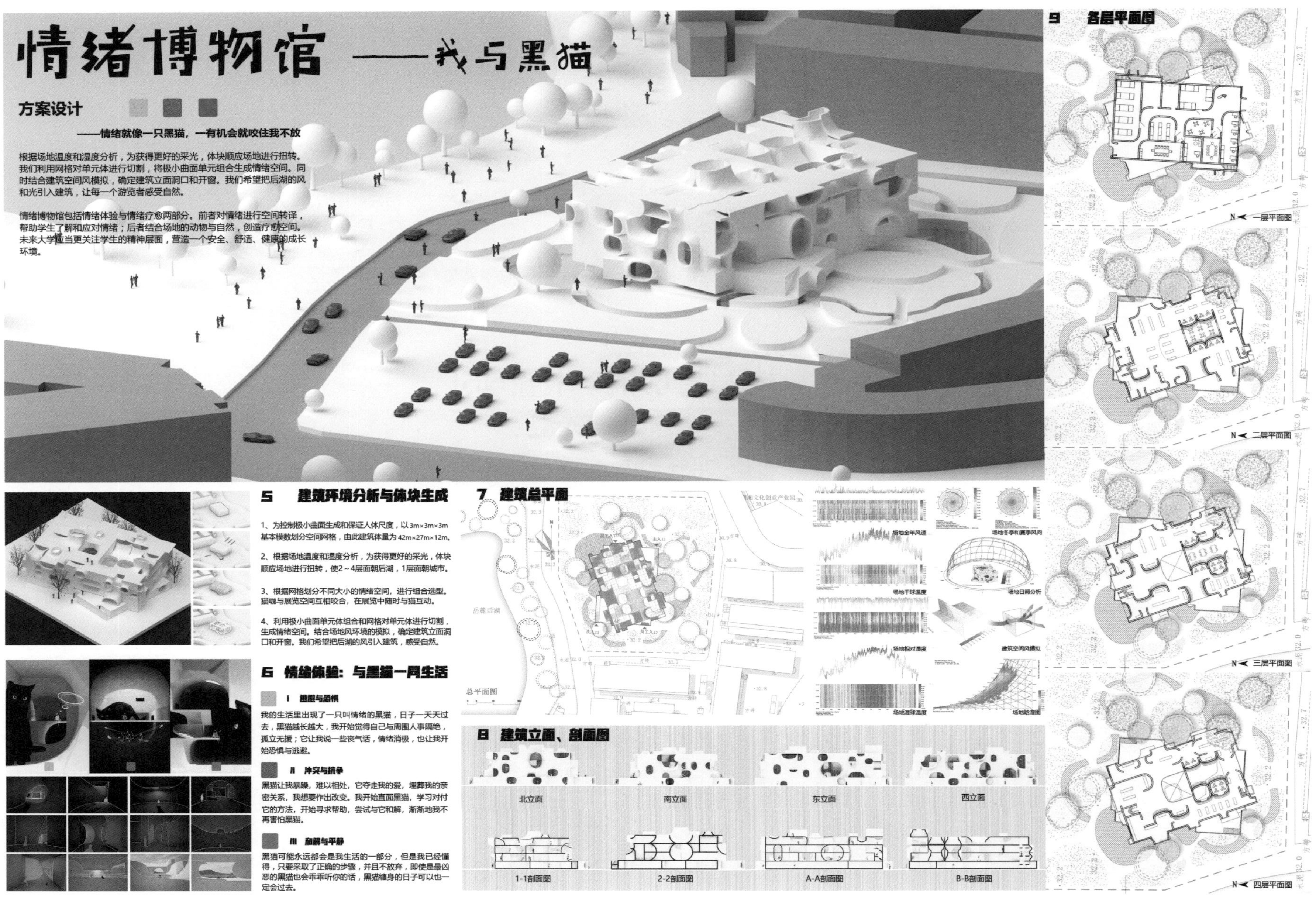
情绪博物馆 ——我与黑猫
方案设计
——情绪就像一只黑猫，一有机会就咬住我不放
根据场地温度和湿度分析，为获得更好的采光，体块顺应场地进行扭转。我们利用网格对单元体进行切割，将极小曲面单元组合生成情绪空间。同时结合建筑空间风模拟，确定建筑立面洞口和开窗。我们希望把后湖的风和光引入建筑，让每一个游览者感受自然。
情绪博物馆包括情绪体验与情绪疗愈两部分。前者对情绪进行空间转译，帮助学生了解和应对情绪；后者结合场地的动物与自然，创造疗愈空间。未来大学应当更关注学生的精神层面，营造一个安全、舒适、健康的成长环境。
5 建筑环境分析与体块生成
1、为控制极小曲面生成和保证人体尺度，以3m×3m×3m基本模数划分空间网格，由此建筑体量为42m×27m×12m。
2、根据场地温度和湿度分析，为获得更好的采光，体块顺应场地进行扭转，使2～4层面朝后湖，1层面朝城市。
3、根据网格划分不同大小的情绪空间，进行组合选型。猫咖与展览空间互相咬合，在展览中随时与猫互动。
4、利用极小曲面单元体组合和网格对单元体进行切割，生成情绪空间。结合场地风环境的模拟，确定建筑立面洞口和开窗。我们希望把后湖的风引入建筑，感受自然。
6 情绪体验：与黑猫一同生活
I 逃避与恐惧
我的生活里出现了一只叫情绪的黑猫，日子一天天过去，黑猫越长越大，我开始觉得自己与周围人事隔绝，孤立无援；它让我说一些丧气话，情绪消极，也让我开始恐惧与逃避。
II 冲突与抗争
黑猫让我暴躁，难以相处，它夺走我的爱，埋葬我的亲密关系，我想要作出改变。我开始直面黑猫，学习对付它的方法，开始寻求帮助，尝试与它和解，渐渐地我不再害怕黑猫。
III 和解与平静
黑猫可能永远都会是我生活的一部分，但是我已经懂得，只要采取了正确的步骤，并且不放弃，即使是最凶恶的黑猫也会乖乖听你的话，黑猫缠身的日子可以也一定会过去。
7 建筑总平面
总平面图
场地全年风速
场地冬季和夏季风向
场地干球温度
场地日照分析
场地相对温度
建筑空间风模拟
场地湿球温度
8 建筑立面、剖面图
北立面
南立面
东立面
西立面
1-1剖面图
2-2剖面图
A-A剖面图
B-B剖面图
9 各层平面图
一层平面图
二层平面图
三层平面图
四层平面图

一等奖 作品

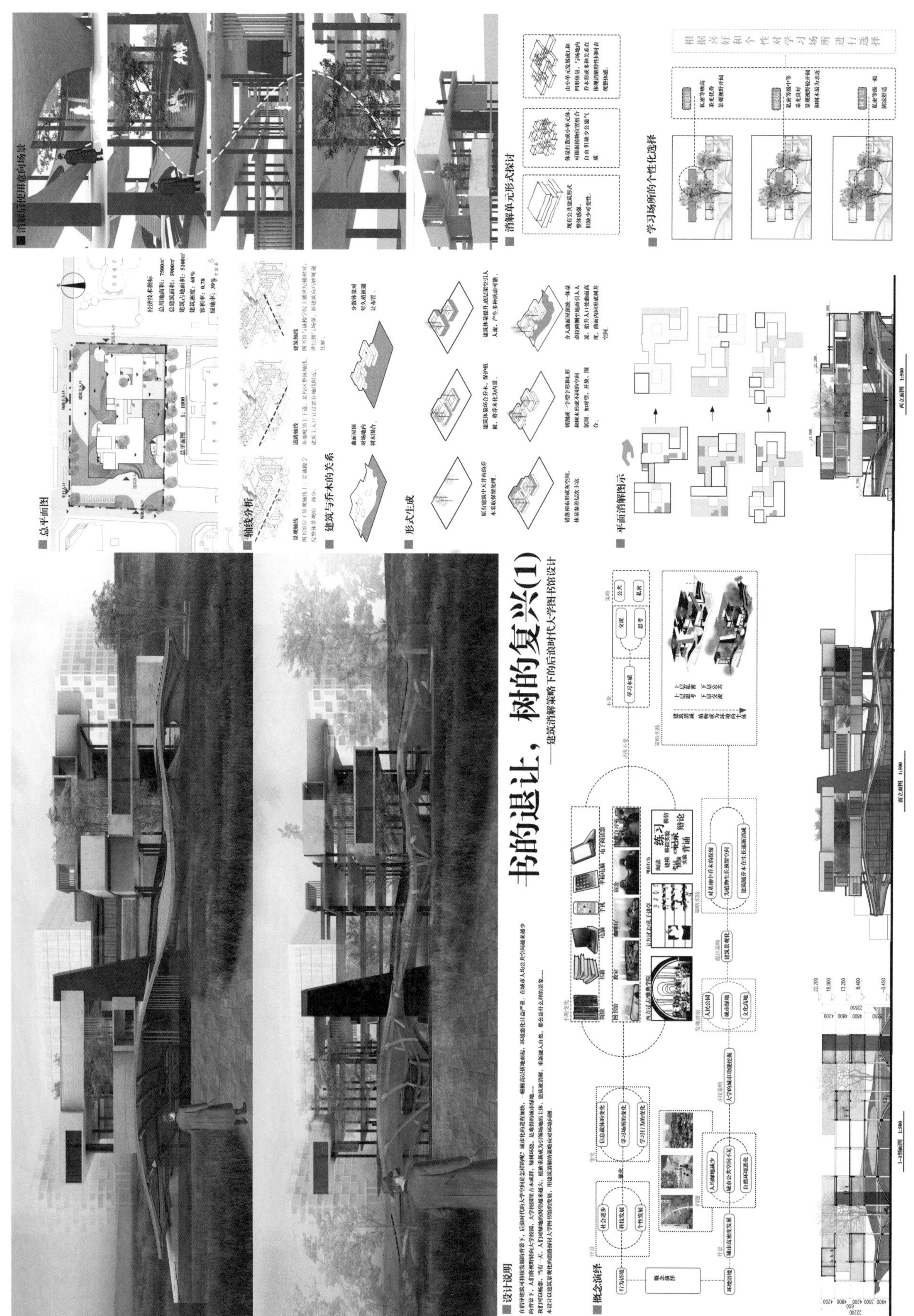

作品名称：书的退让，树的复兴——建筑消解策略下的后浪时代大学图书馆设计
作者：李子墨、叶珈含、闫语函、丁钰静　　指导老师：罗明、宋盈　　学校：中南大学

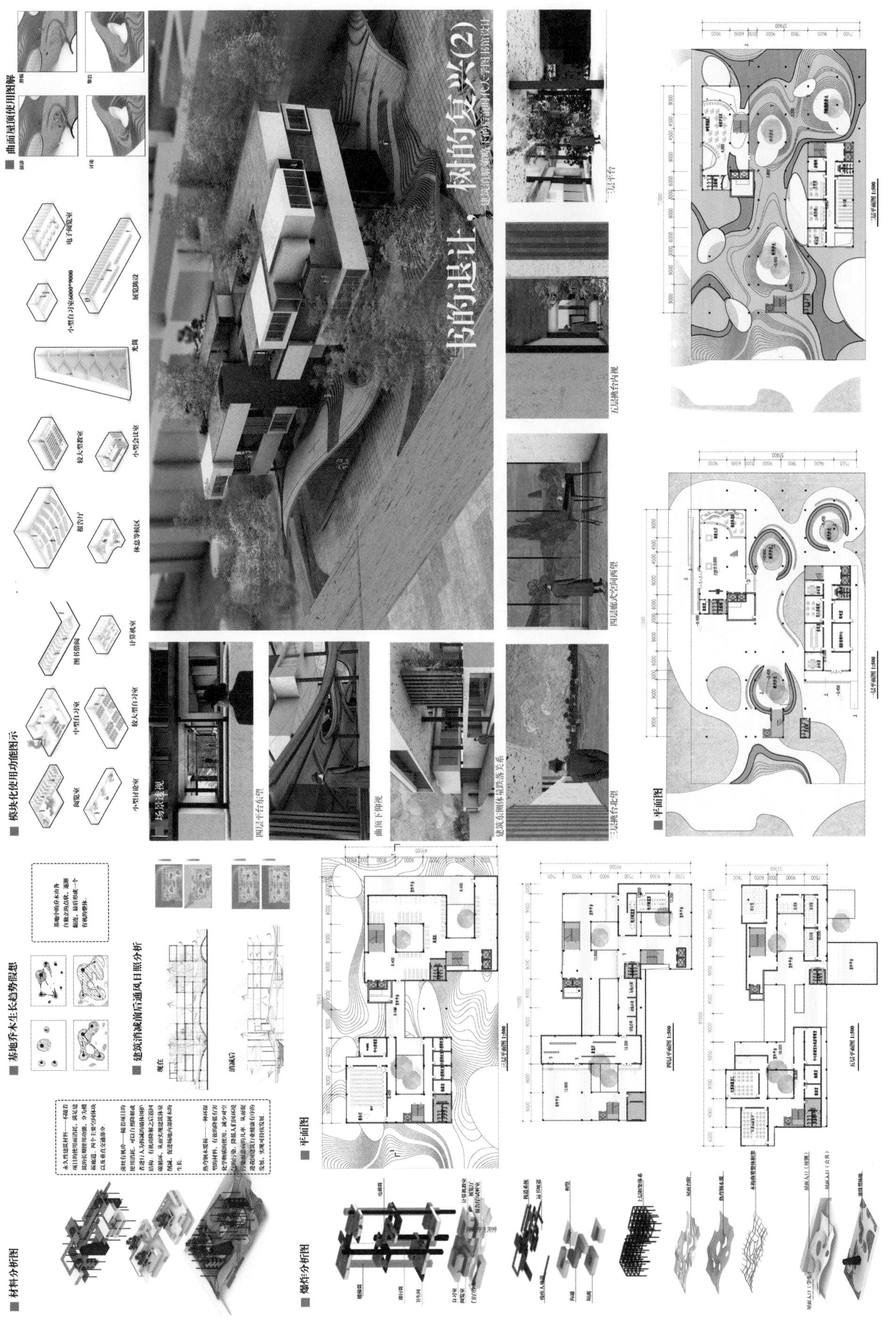
书的退让，树的复兴(2)
曲面屋顶使用图解
模块化使用功能图示
基地乔木生长趋势假想
建筑消减前后通风日照分析
材料分析图
爆炸分析图
平面图

一等奖 作品

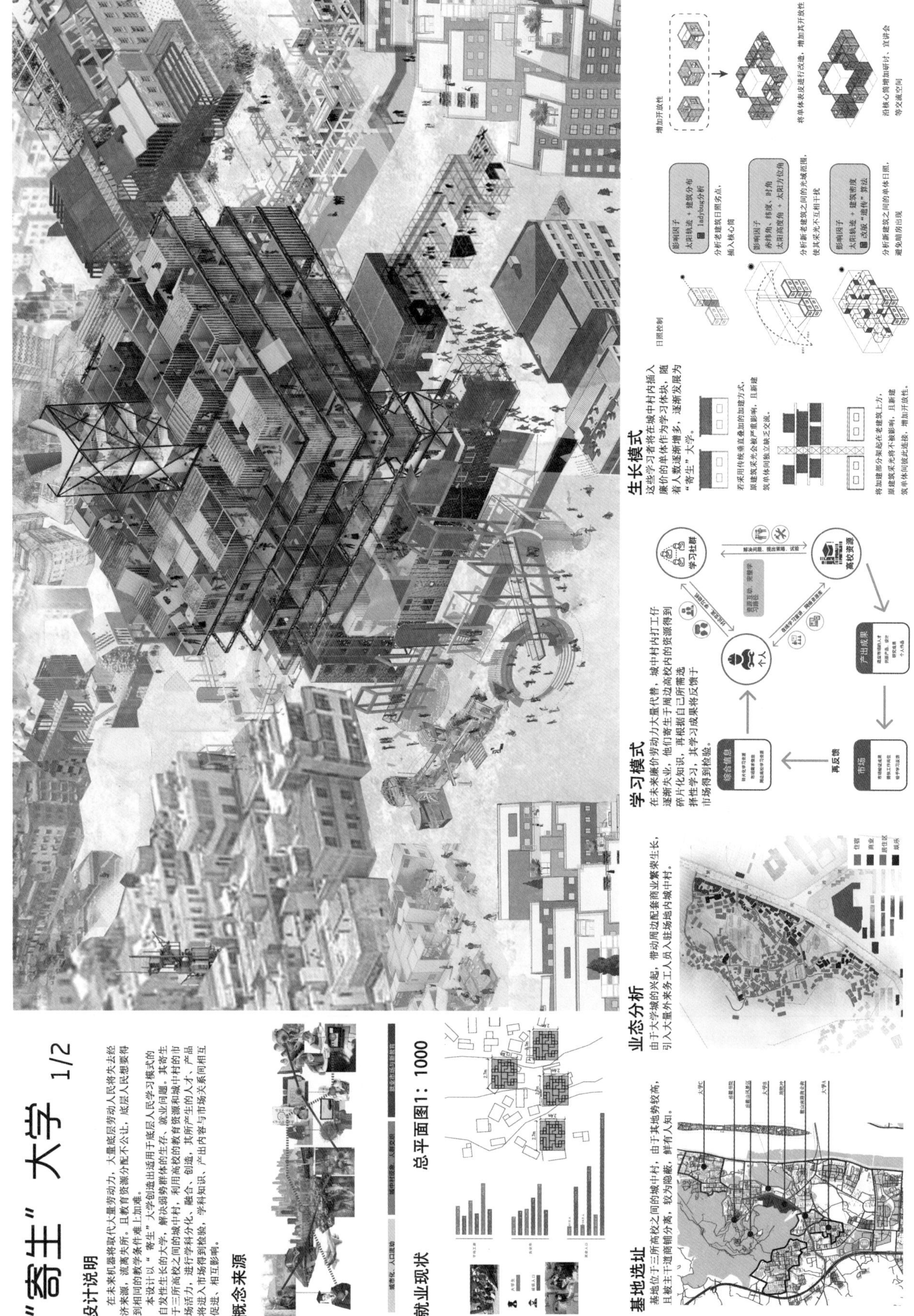

作品名称：“寄生”大学

作者：阿侯伊木、周玥、余维、杨明智　　指导老师：蒋甦琦、张蔚　　学校：湖南大学

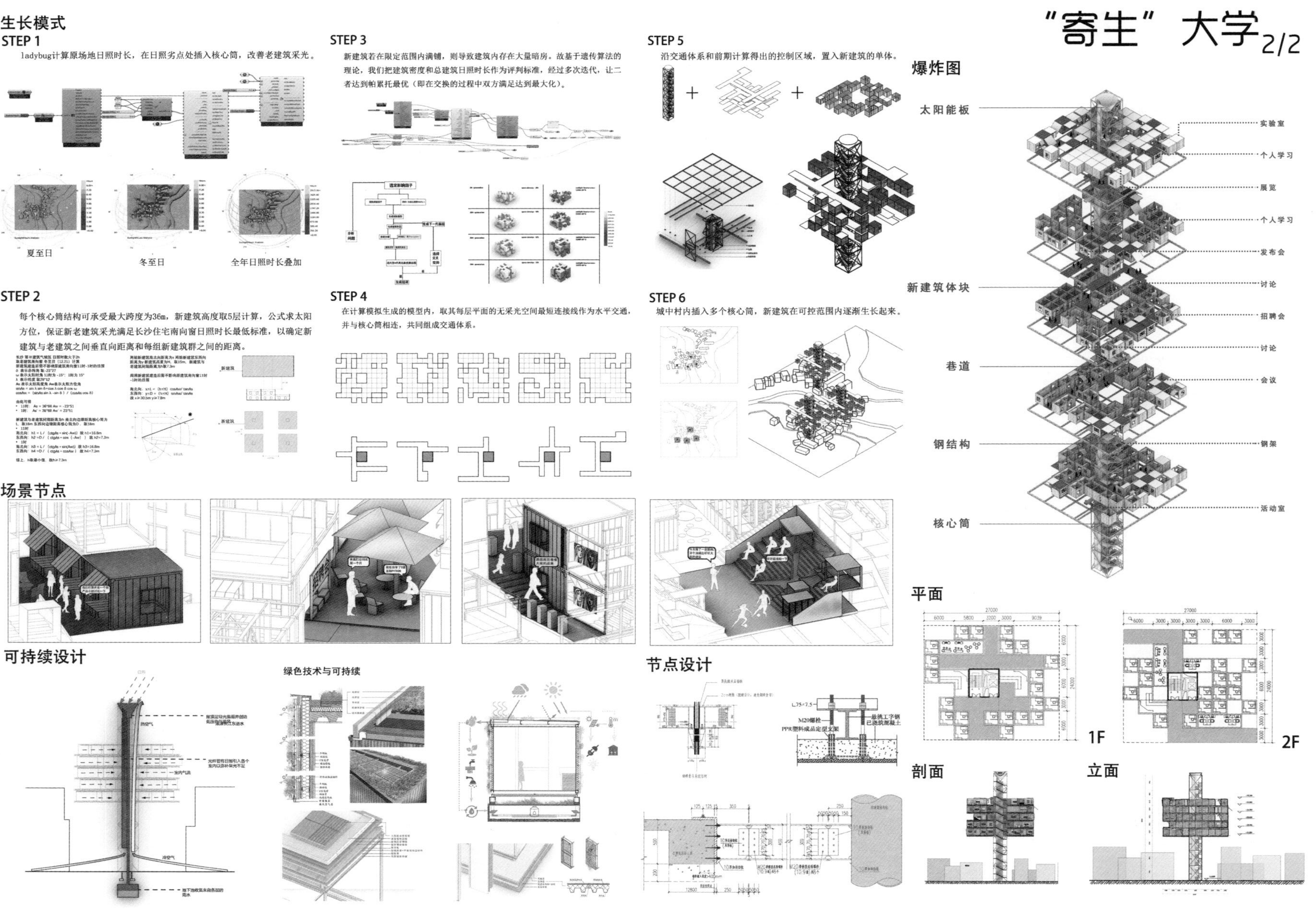
"寄生"大学2/2
生长模式
STEP 1
ladybug计算原场地日照时长，在日照劣点处插入核心筒，改善老建筑采光。
夏至日
冬至日
全年日照时长叠加
STEP 2
每个核心筒结构可承受最大跨度为36m，新建筑高度取5层计算，公式求太阳方位，保证新老建筑采光满足长沙住宅南向窗日照时长最低标准，以确定新建筑与老建筑之间垂直向距离和每组新建筑群之间的距离。
STEP 3
新建筑若在限定范围内满铺，则导致建筑内存在大量暗房。故基于遗传算法的理论，我们把建筑密度和总建筑日照时长作为评判标准，经过多次迭代，让二者达到帕累托最优（即在交换的过程中双方满足达到最大化）。
STEP 4
在计算模拟生成的模型内，取其每层平面的无采光空间最短连接线作为水平交通，并与核心筒相连，共同组成交通体系。
STEP 5
沿交通体系和前期计算得出的控制区域，置入新建筑的单体。
STEP 6
城中村内插入多个核心筒，新建筑在可控范围内逐渐生长起来。
爆炸图
太阳能板
新建筑体块
巷道
钢结构
核心筒
实验室
个人学习
展览
个人学习
发布会
讨论
招聘会
讨论
会议
钢架
活动室
场景节点
可持续设计
绿色技术与可持续
节点设计
M20螺栓
PPR塑料成品定型支架
悬挑工字钢
已浇筑混凝土
平面
1F
2F
剖面
立面

一等奖 作品

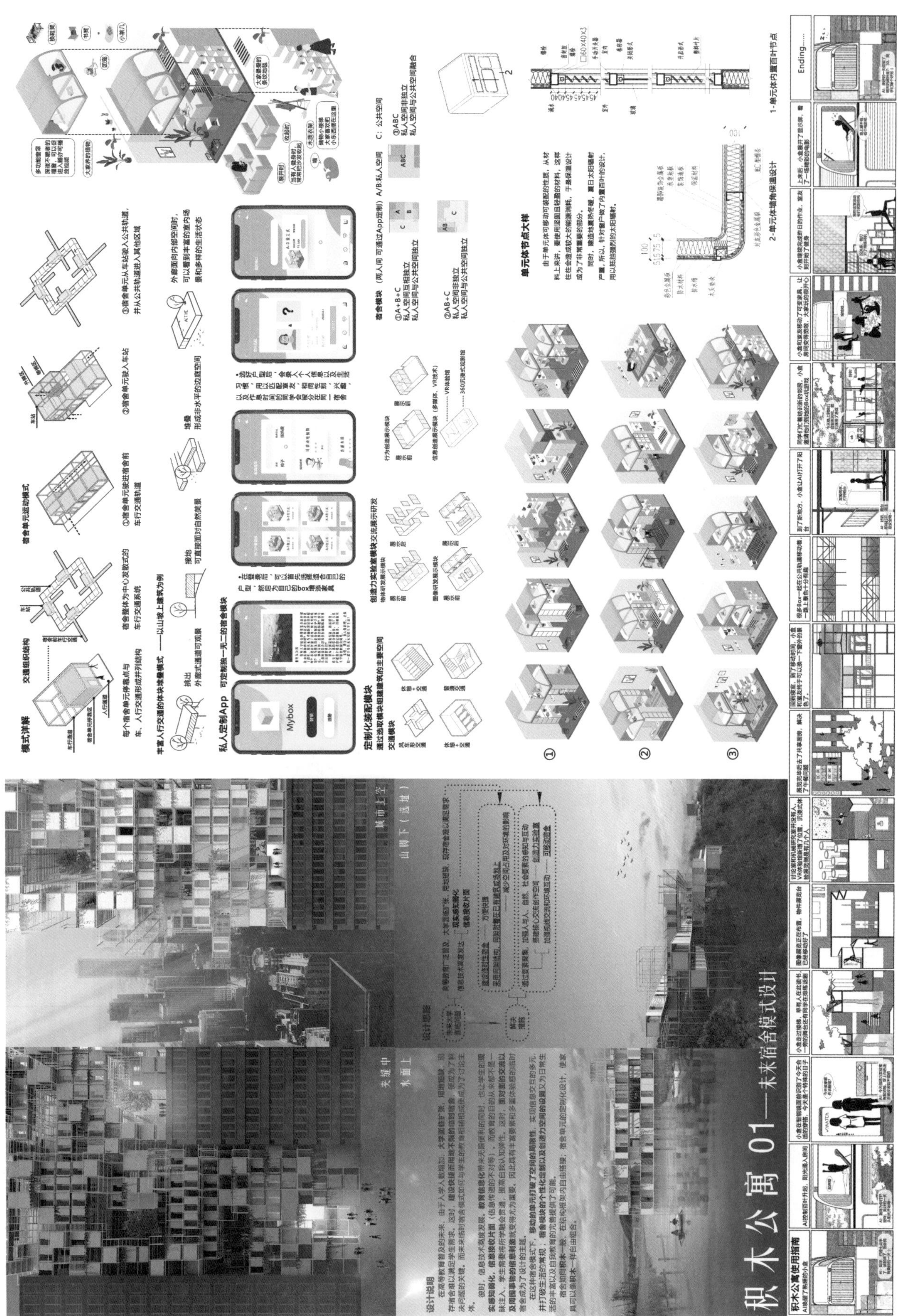

作品名称：积木公寓——未来宿舍模式设计

作者：胡菲、魏夏清　　指导老师：蒋甦琦　　学校：湖南大学

一等奖 作品

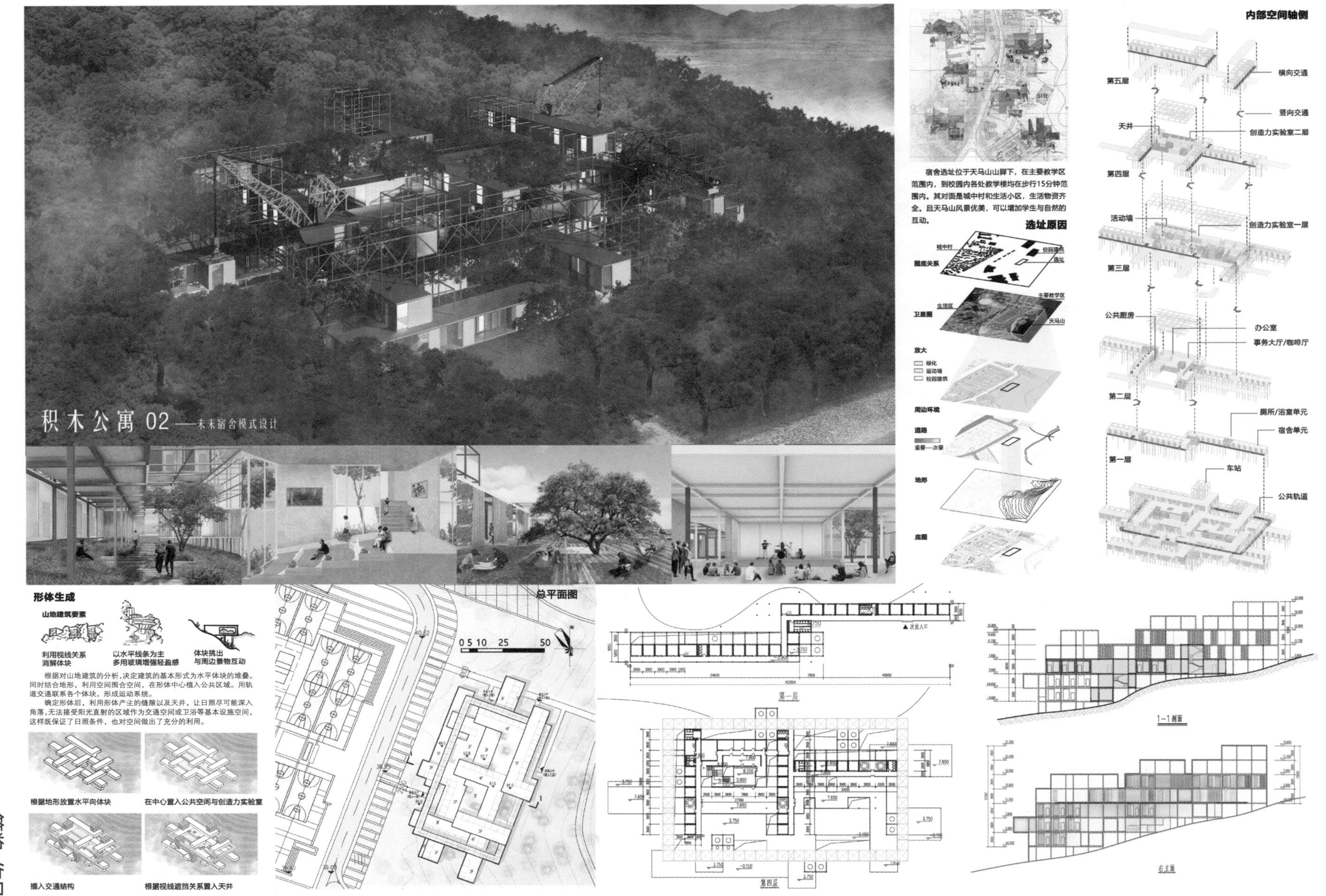
积木公寓 02——未来宿舍模式设计
宿舍选址位于天马山山脚下，在主要教学区范围内，到校园内各处教学楼均在步行15分钟范围内。其对面是城中村和生活小区，生活物资齐全。且天马山风景优美，可以增加学生与自然的互动。
选址原因
图底关系
城中村
校园建筑
绿化
卫星图
生活区
主要教学区
天马山
放大
绿化
运动场
校园建筑
周边环境
道路
重要---次要
地形
底图
内部空间轴侧
第五层
横向交通
竖向交通
天井
创造力实验室二层
第四层
活动墙
创造力实验室一层
第三层
公共厨房
办公室
事务大厅/咖啡厅
第二层
厕所/浴室单元
宿舍单元
第一层
车站
公共轨道
形体生成
山地建筑要素
利用视线关系
消解体块
以水平线条为主
多用玻璃增强轻盈感
体块挑出
与周边景物互动
根据对山地建筑的分析，决定建筑的基本形式为水平体块的堆叠。同时结合地形，利用空间围合空间，在形体中心植入公共区域。用轨道交通联系各个体块，形成运动系统。
确定形体后，利用形体产生的缝隙以及天井，让日照尽可能深入角落，无法接受阳光直射的区域作为交通空间或卫浴等基本设施空间，这样既保证了日照条件，也对空间做出了充分的利用。
根据地形放置水平向体块
在中心置入公共空间与创造力实验室
插入交通结构
根据视线遮挡关系置入天井
总平面图
0 5 10 25 50
次要入口
第一层
第四层
1-1剖面
右立面

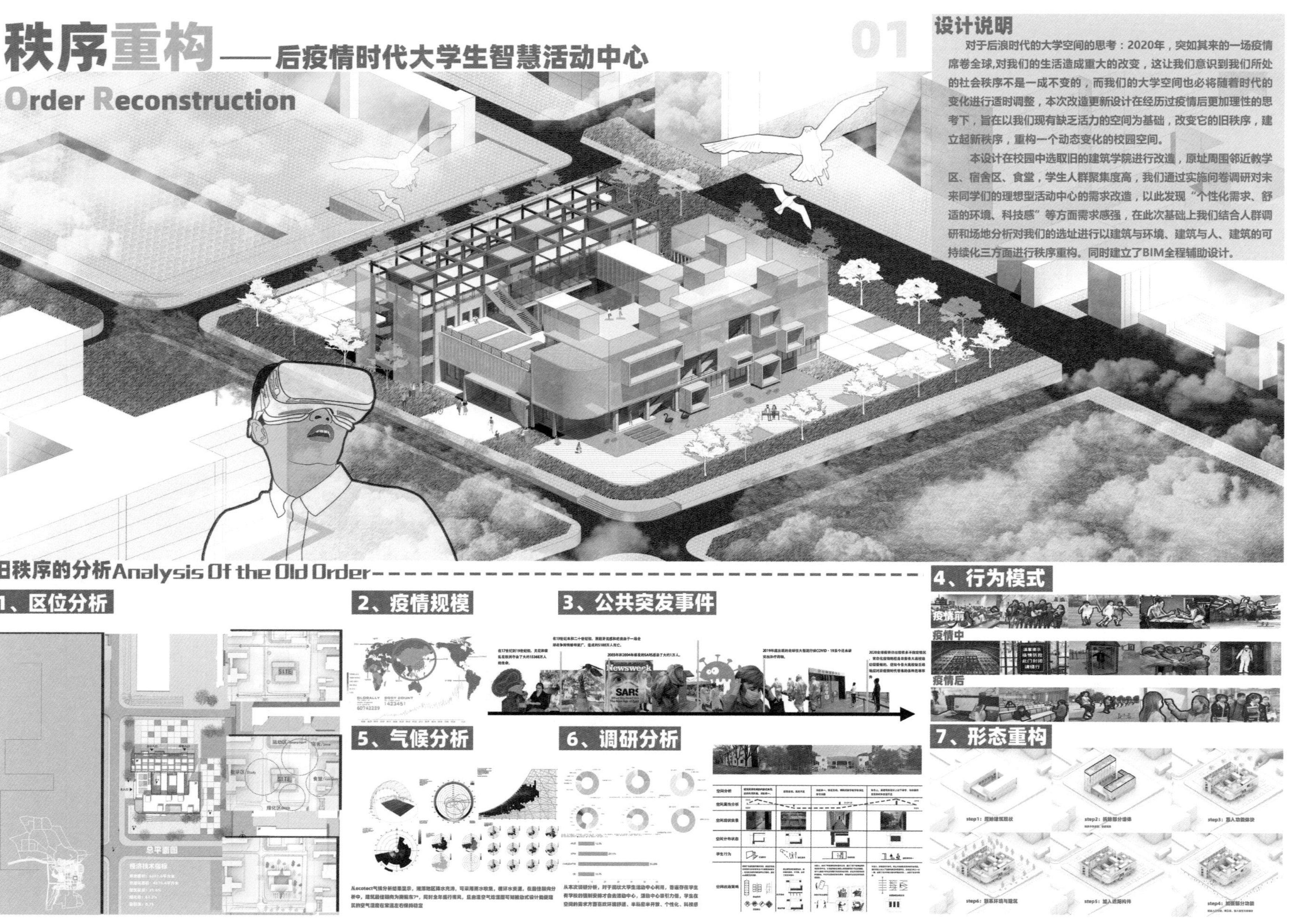

作品名称：秩序重构——后疫情时代大学生智慧活动中心
作者：李岱彬、廖建奇、巩芳芳、廖鑫　　指导老师：王项、李丹　　学校：湖南科技大学

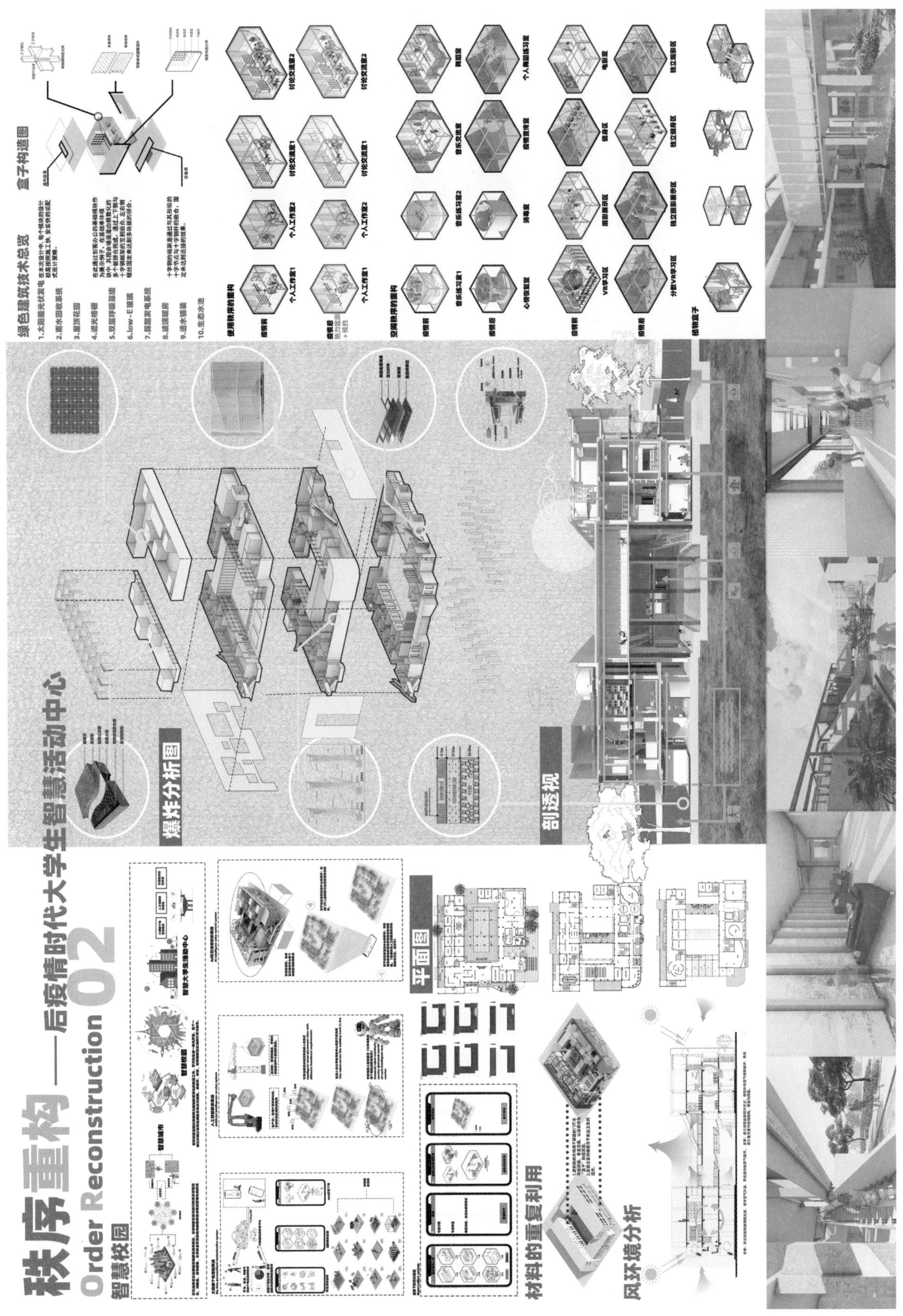
秩序重构——后疫情时代大学生智慧活动中心
Order Reconstruction 02
智慧校园
爆炸分析图
剖透视
平面图
材料的重复利用
风环境分析
绿色建筑技术总览
盒子构造图

一等奖 作品

作品名称：师生共"建"——基于自组织实践的未来建筑系馆改建设计
作者：雷敏、王丛禹、张迅滔　　指导老师：宋盈、罗明　　学校：中南大学

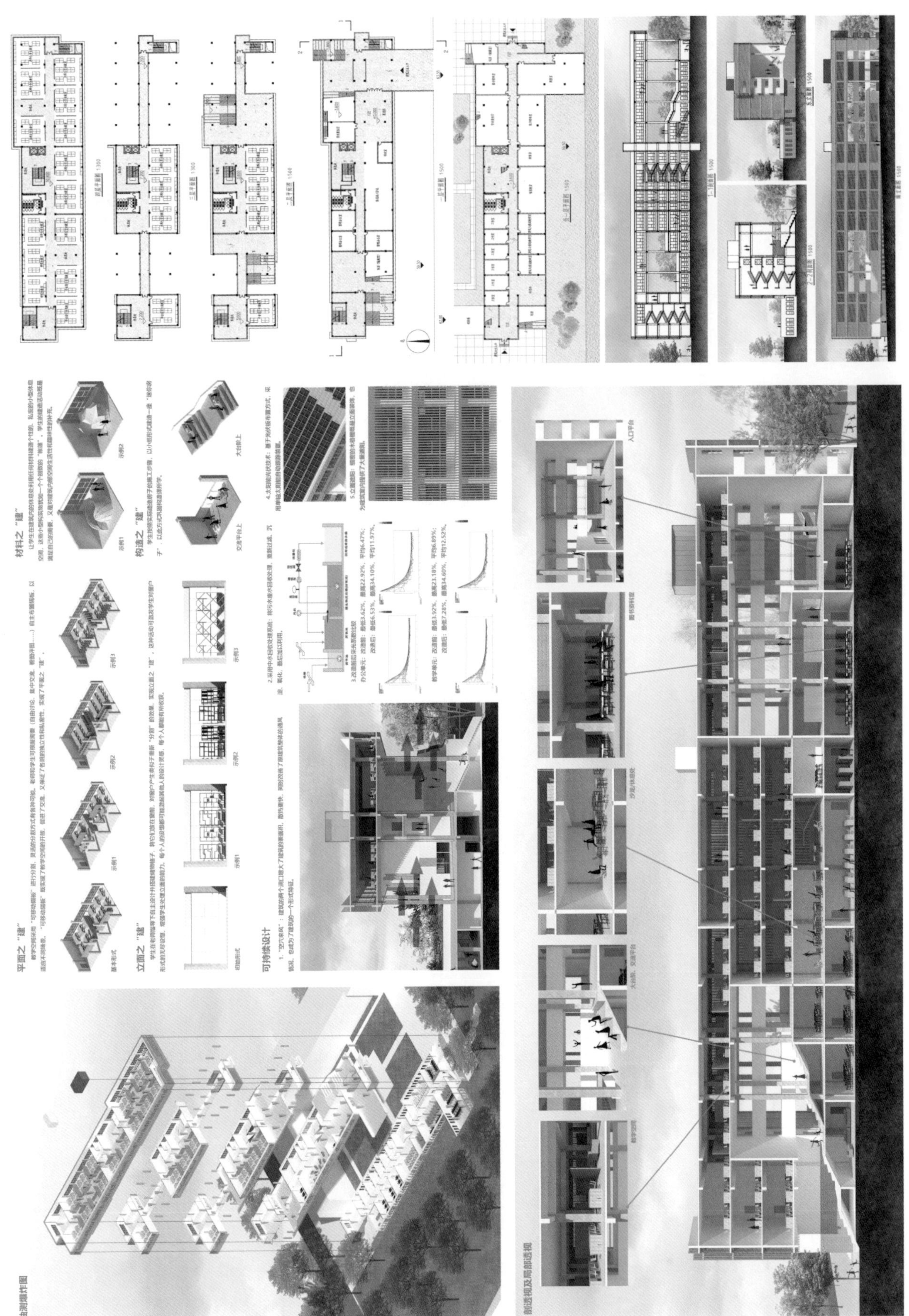

一等奖 作品

作品名称：里应外"盒"——未来校园改造的空间演变

作者：王兆涵、刘丽娜、朱建军、伍金姣　　指导老师：王文广、杨靖　　学校：吉首大学

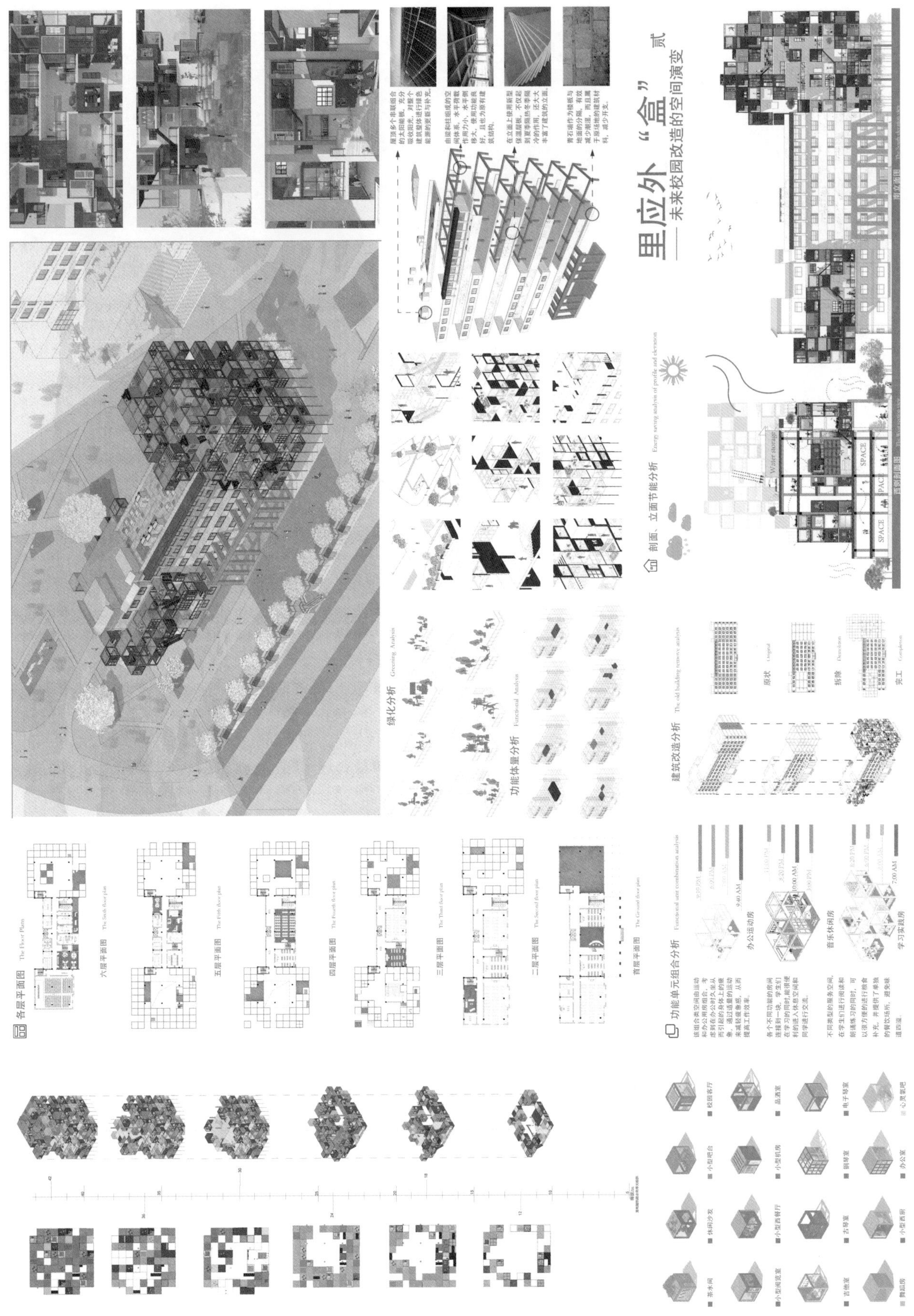

一等奖 作品

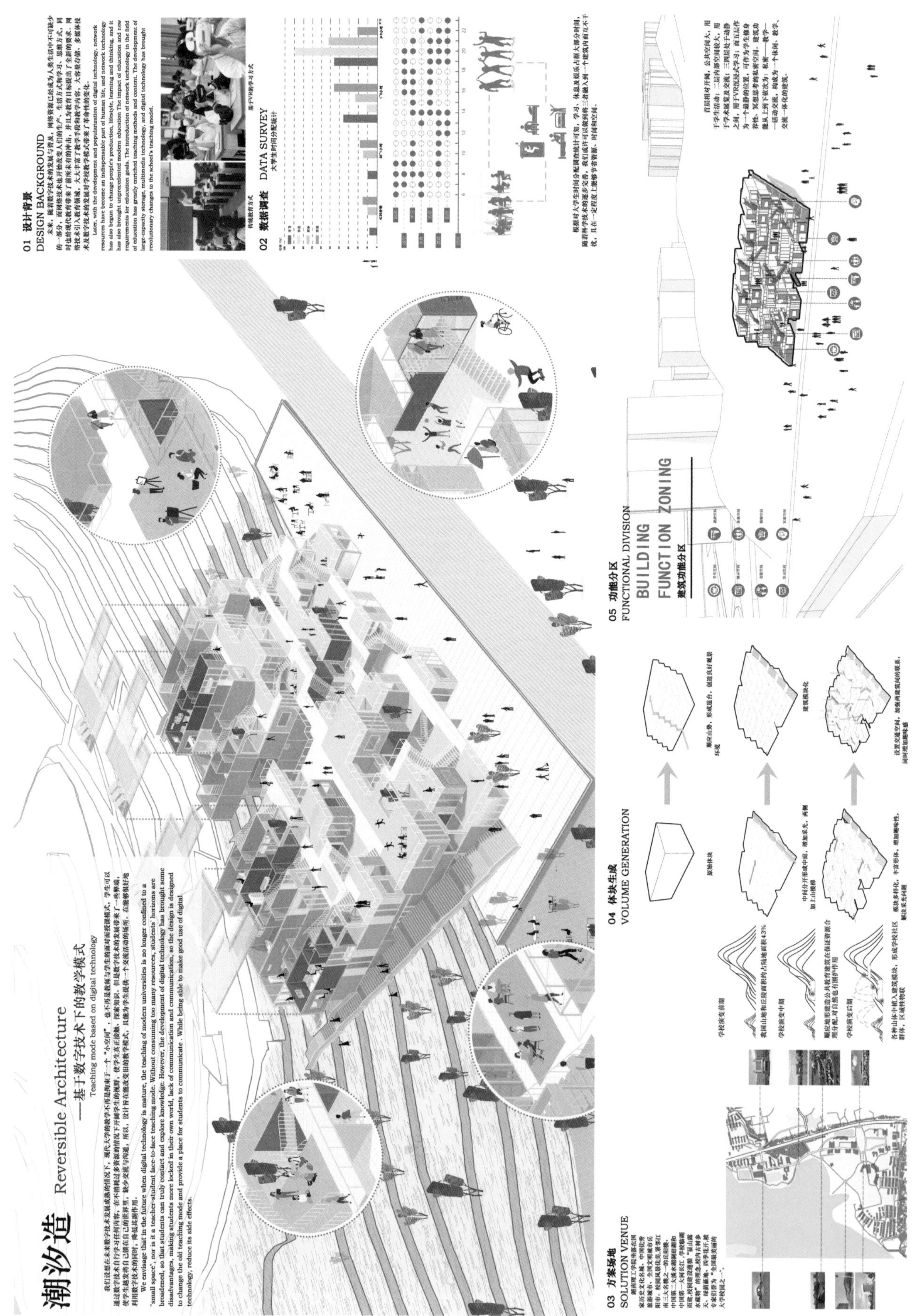

作品名称：潮汐造——基于数字技术下的教学模式

作者：陈建妃、陈文丽　　指导老师：刘慧、冯敬　　学校：湖南理工学院

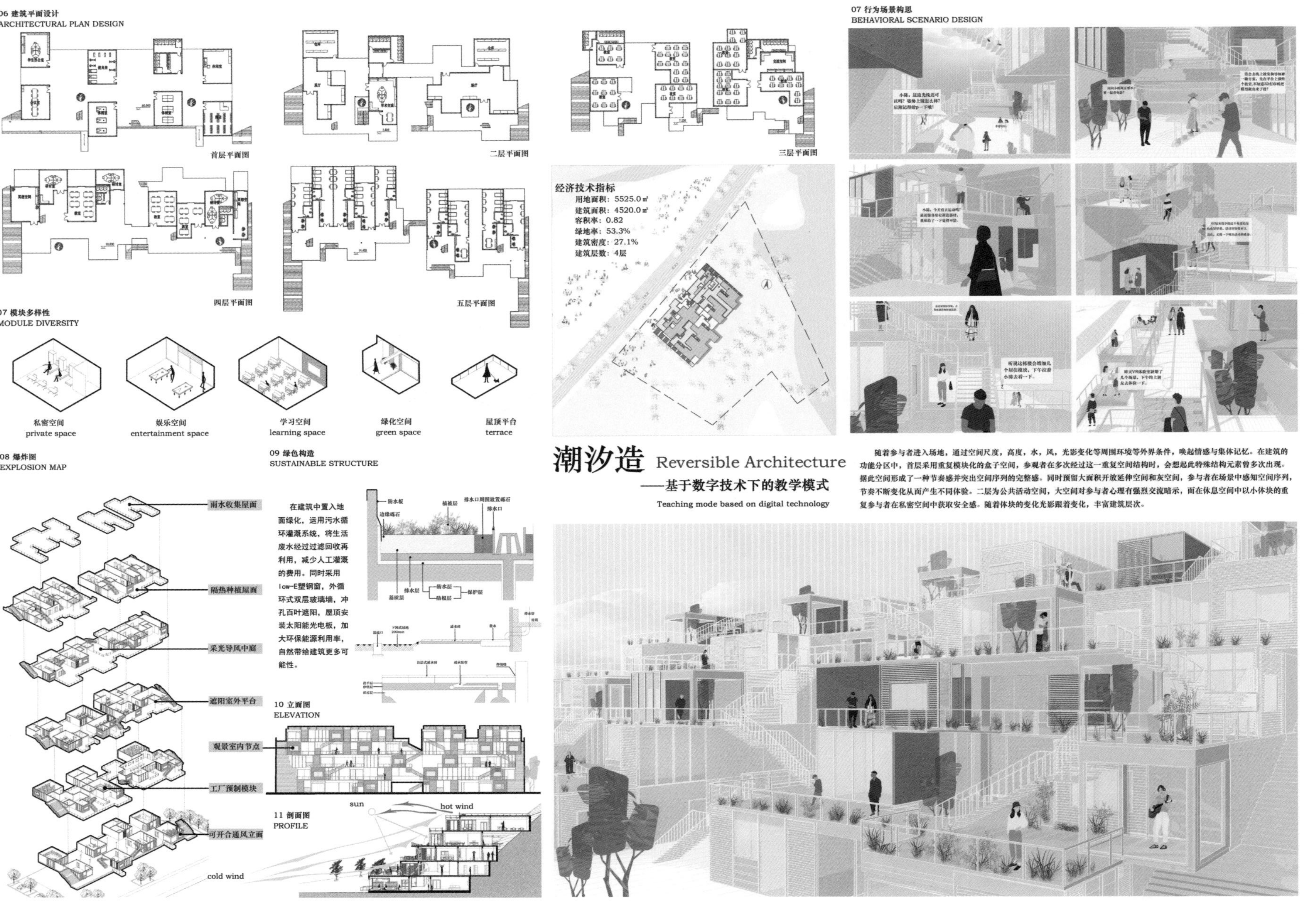
06 建筑平面设计
ARCHITECTURAL PLAN DESIGN
首层平面图
二层平面图
三层平面图
四层平面图
五层平面图
07 模块多样性
MODULE DIVERSITY
私密空间
private space
娱乐空间
entertainment space
学习空间
learning space
绿化空间
green space
屋顶平台
terrace
08 爆炸图
EXPLOSION MAP
雨水收集屋面
隔热种植屋面
采光导风中庭
遮阳室外平台
观景室内节点
工厂预制模块
可开合通风立面
09 绿色构造
SUSTAINABLE STRUCTURE
在建筑中置入地面绿化，运用污水循环灌溉系统，将生活废水经过过滤回收再利用，减少人工灌溉的费用。同时采用low-E塑钢窗，外循环式双层玻璃墙，冲孔百叶遮阳，屋顶安装太阳能光电板，加大环保能源利用率，自然带给建筑更多可能性。
10 立面图
ELEVATION
11 剖面图
PROFILE
sun
hot wind
cold wind
经济技术指标
用地面积：5525.0㎡
建筑面积：4520.0㎡
容积率：0.82
绿地率：53.3%
建筑密度：27.1%
建筑层数：4层
潮汐造 Reversible Architecture
——基于数字技术下的教学模式
Teaching mode based on digital technology
随着参与者进入场地，通过空间尺度，高度，水，风，光影变化等周围环境等外界条件，唤起情感与集体记忆。在建筑的功能分区中，首层采用重复模块化的盒子空间，参观者在多次经过这一重复空间结构时，会想起此特殊结构元素曾多次出现。据此空间形成了一种节奏感并突出空间序列的完整感。同时预留大面积开放延伸空间和灰空间，参与者在场景中感知空间序列，节奏不断变化从而产生不同体验。二层为公共活动空间，大空间对参与者心理有强烈交流暗示，而在休息空间中以小体块的重复参与者在私密空间中获取安全感。随着体块的变化光影跟着变化，丰富建筑层次。
07 行为场景构思
BEHAVIORAL SCENARIO DESIGN

一等奖 作品

作品名称：分生细胞·大学创客空间

作者：杨宇晟、范宜然、赖东驰、易潜荣　　指导老师：何玮、张楠　　学校：中南林业科技大学

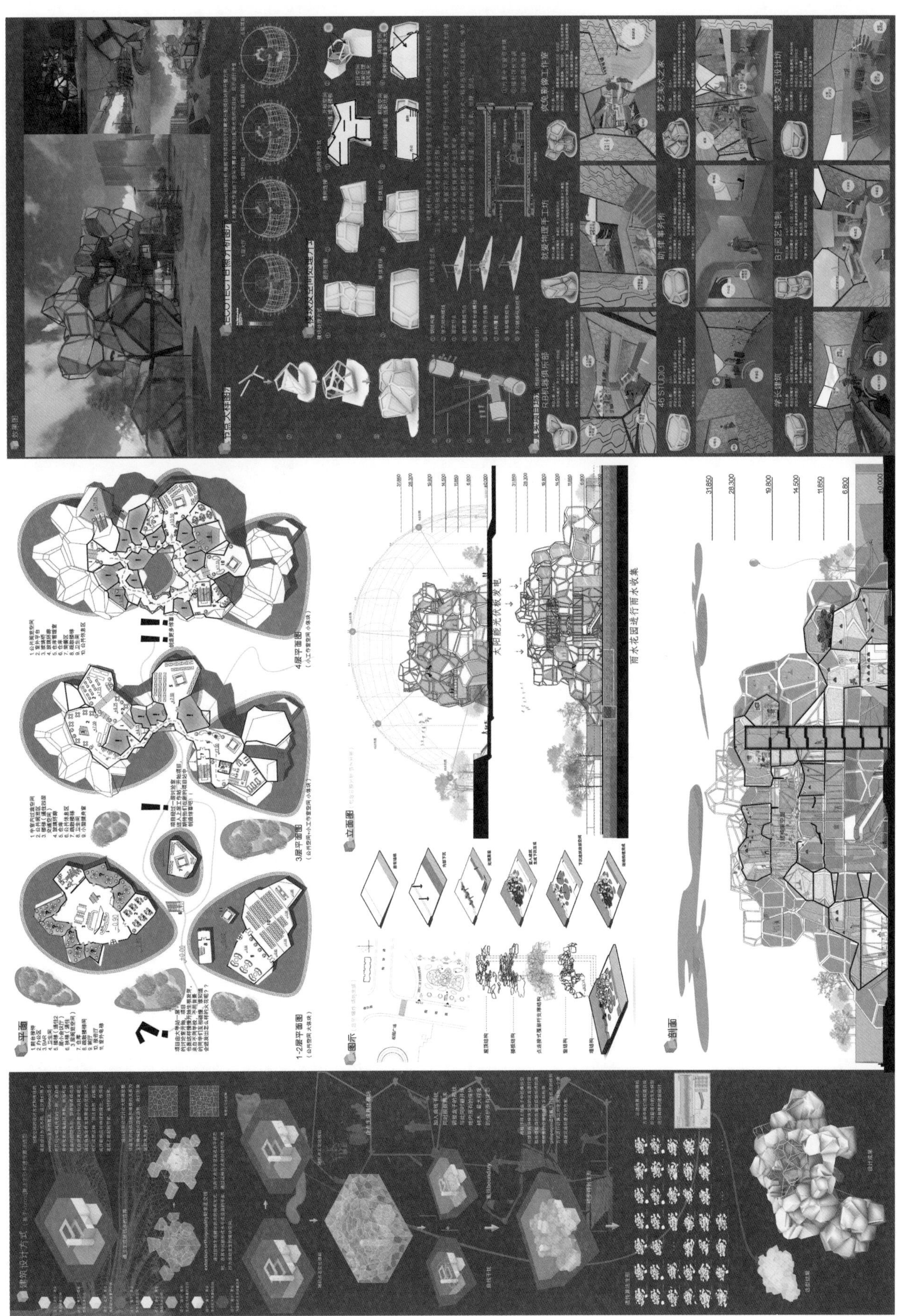

一等奖 作品

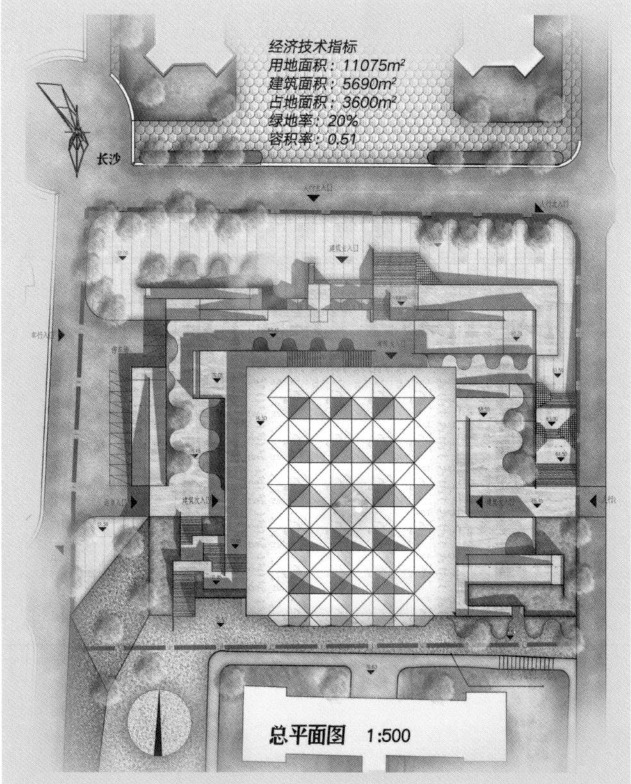

经济技术指标
用地面积：11075m²
建筑面积：5690m²
占地面积：3600m²
绿地率：20%
容积率：0.51

长沙

总平面图 1:500

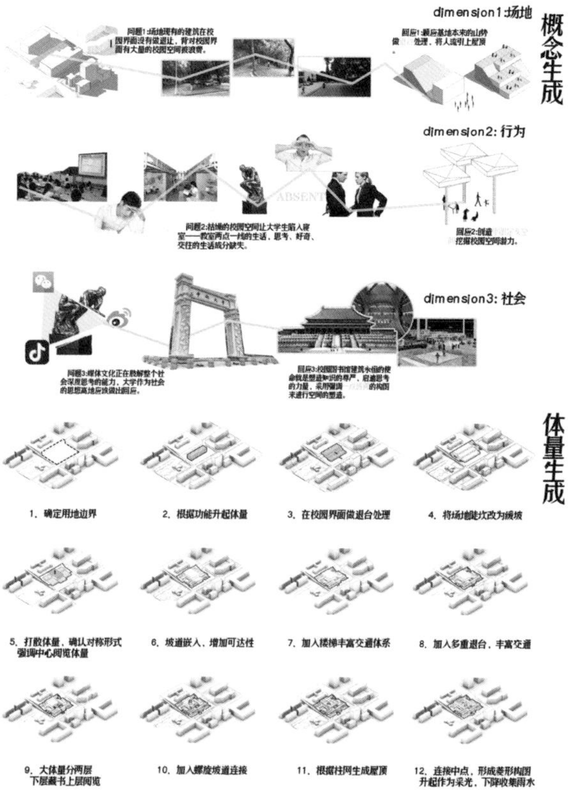

概念生成

dimension1:场地

问题1:场地现有的建筑在校园界面没有做退让，背对校园界面有大量的校园空间被浪费。

回应1:顺应基地本来的山势做处理，将人流引上屋顶。

dimension2: 行为

ABSENT

问题2:枯燥的校园空间让大学生陷入寝室——教室两点一线的生活，思考、好奇、交往的生活成分缺失。

回应2:创造挖掘校园空间潜力。

dimension3: 社会

问题3:媒体文化正在肢解整个社会深度思考的能力，大学作为社会的思想高地应该做出回应。

回应3:校园图书馆建筑永恒的使命就是塑造知识的尊严，启迪思考的力量，采用强调的构图来进行空间的塑造。

体量生成

1. 确定用地边界
2. 根据功能升起体量
3. 在校园界面做退台处理
4. 将场地陡坎改为缓坡
5. 打散体量，确认对称形式强调中心阅览体量
6. 坡道嵌入，增加可达性
7. 加入楼梯丰富交通体系
8. 加入多重退台，丰富交通
9. 大体量分两层下层藏书上层阅览
10. 加入螺旋坡道连接
11. 根据柱网生成屋顶
12. 连接中点，形成菱形构图升起作为采光，下降收集雨水

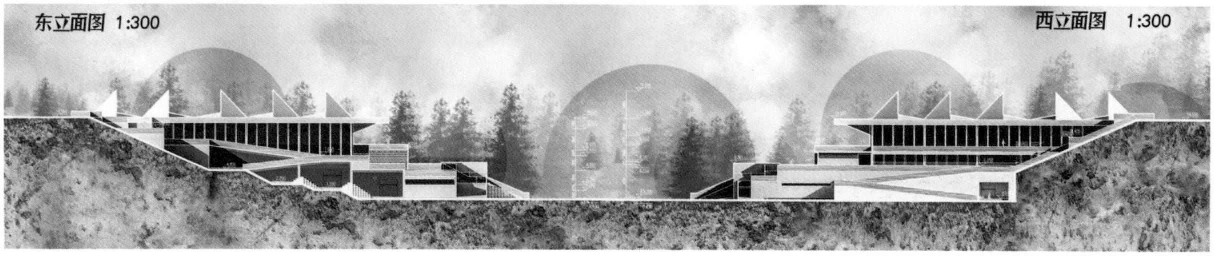

东立面图 1:300

西立面图 1:300

作品名称：自由的圣殿——校园绿色图书馆设计
作者：傅逸舟、王琳、林一峰　　指导老师：胡华、解明镜　　学校：中南大学

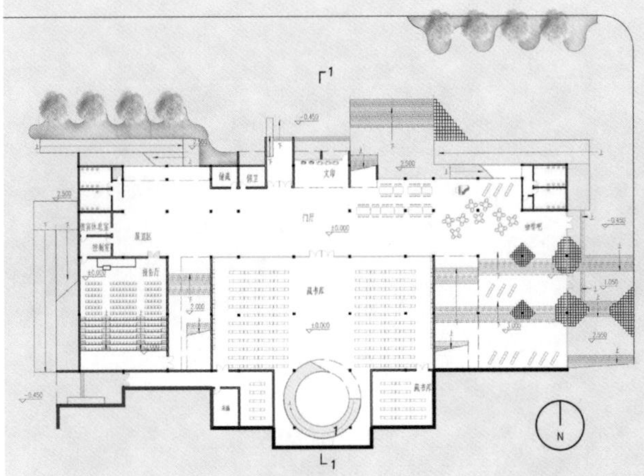

3m 处平面图 1:400

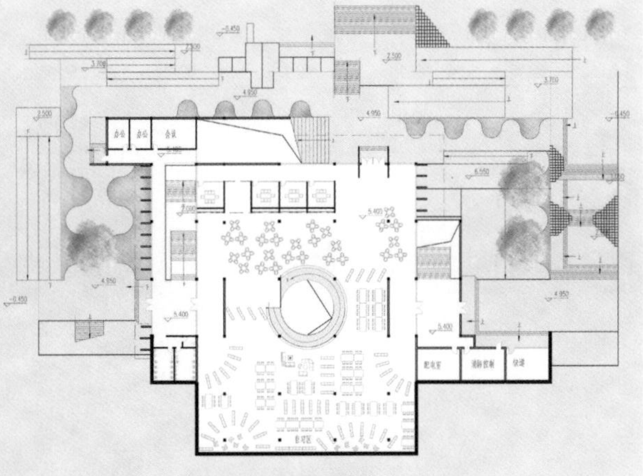

7m 处平面图 1:400

自由的圣殿
——校园绿色图书馆设计

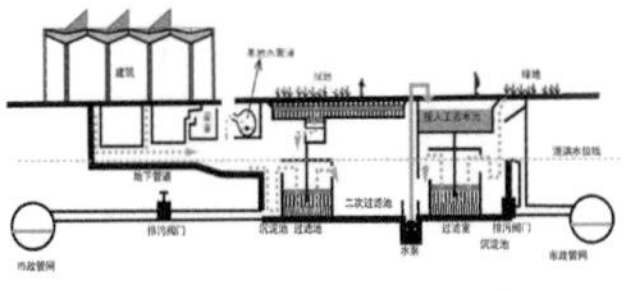

与天窗互补的下凹构件用于收集长沙地区充沛的雨水，雨水收集过滤之后用于绿地灌溉、盥洗室等方面。

采光+雨水收集的屋顶

二层阅览空间

屋顶
兼室外场地

一层
框架结构

一层空间

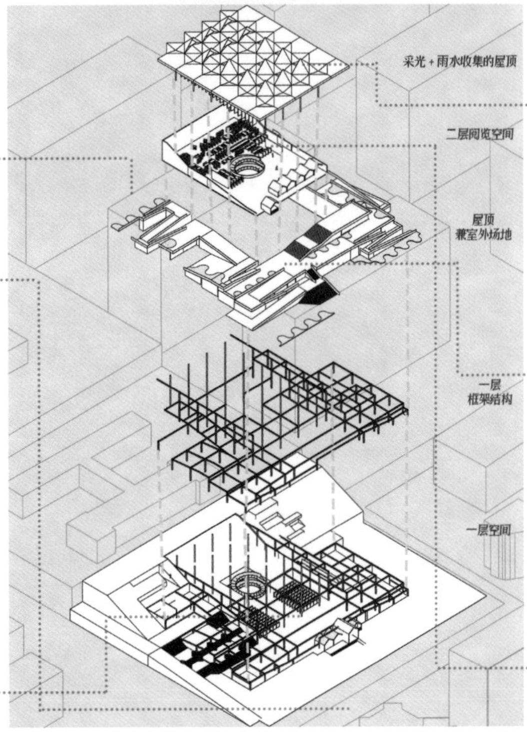

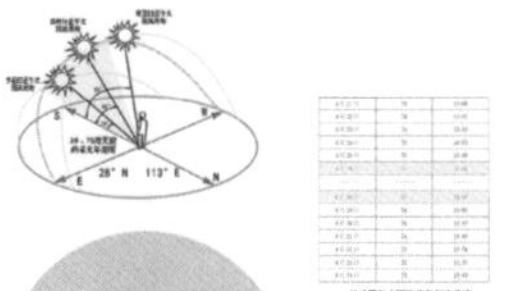

长沙正午太阳高度角年变化表

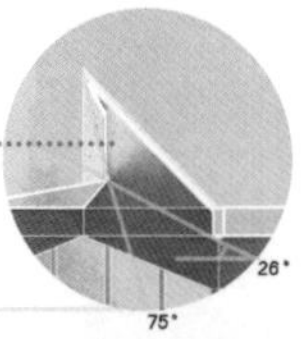

·天窗角度的控制使得长沙夏季中午的阳光无法进入，而冬季温暖的阳光可以进入

·从校园空间望向图书馆，原来的压迫消失了，显眼的室外坡道和温暖的室内色调吸引着学生进入图书馆活动。

·顺着室外坡道来到二楼，此时人们有多种选择，可以选择在室外灰空间休憩、顺着坡道继续向上到新的景观节点，或是进入半限定室内空间进行学习。

·一层室内空间以一点透视布置的书架和尽头上接天窗的螺旋楼梯来营造神圣的空间氛围，地板、柱子、书架的木色不至于让空间特别清冷，天井下的“温故而知新”提醒着学生要不断温习。

·二楼阅览空间按照家具摆放有休闲阅读、自主学习、小组讨论区，三者共用一个大空间，在空间上以中心螺旋坡道为界限。

一等奖 作品

作品名称：学游居苑——后浪时代开放式立体复合大学

作者：黄昀舒、罗鑫澧、宋卓宇　　指导老师：彭智谋、陈翚　　学校：湖南大学

空间叙事

入境：当人们站在入口处，可以通过重重的门洞与庭院感受到古代书院的延伸的层次与纵深感。

进入茶馆，人们在木质的空间内，透过落地窗与室外庭院进行互动。阴雨连绵时，还可以推出格栅，形成另一室内空间。

沉浸：沉浸式的学习区的中庭可以让人们在类似书院讲堂的庭院氛围中放松身心，感悟自然，远离尘世喧嚣。

进入学习区，人们不经意间路过大小不同的院落，竹、石、格栅让人们能够在独立的小空间中静心学习。底层架空提供了开敞的融入自然的空间形式。

融入：当人们从学习区与庭院连接的外走廊，透过叠水景观与看到与对面亭子形成对景的景色，真正融入未来书院。

进入居住空间中庭，这里相对于学习区变得热闹起来，围绕整个中庭人们在这里学习与生活，轻松自然的生活方式让人们身心放松，真诚相待。

游憩：人们通过屋顶平台围绕建筑内不同大小的庭院进行活动，丰富的院落空间和景观的多样性为人们提供了不情景的活动形式。

园林内，廊内座椅和与廊相连小亭为人们提供游憩式非正式学习空间，古树下围坐的师生们让人们回归“学校始于一棵树下”的传统氛围。

总平面图

一层平面图

二层平面图

三层平面图

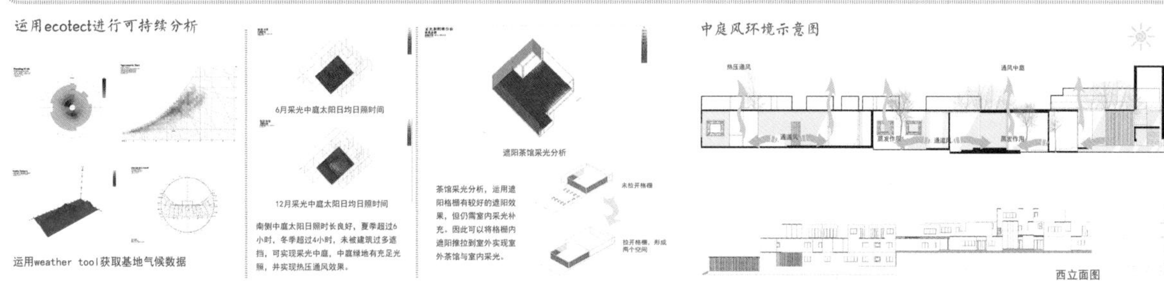

运用ecotect进行可持续分析

运用weather tool获取基地气候数据

6月采光中庭太阳日均日照时间

12月采光中庭太阳日均日照时间

南侧中庭太阳日照时长良好，夏季超过6小时，冬季超过4小时，未被建筑过多遮挡，可实现采光中庭，中庭绿地有充足光照，并实现热压通风效果。

遮阳茶馆采光分析

茶馆采光分析，运用遮阳格栅有较好的遮阳效果，但仍需室内采光补充。因此可以将格栅内遮阳推拉到室外实现室外茶馆与室内采光。

中庭风环境示意图

西立面图

一等奖 作品

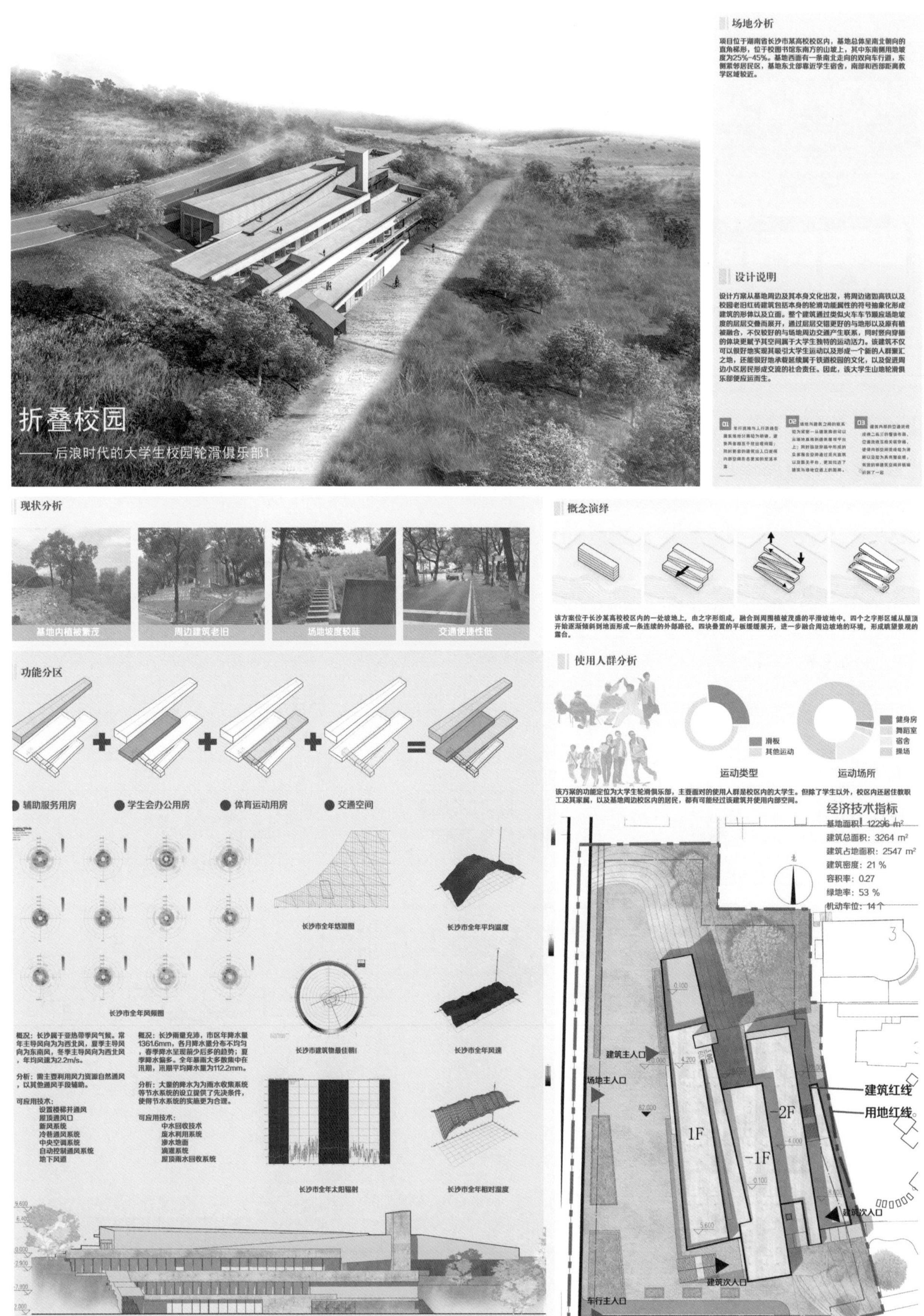

作品名称：折叠校园——后浪时代的大学生校园轮滑俱乐部
作者：付显洋、张雨萌、郭钰莹 - 指导老师：宋盈、罗明 学校：中南大学

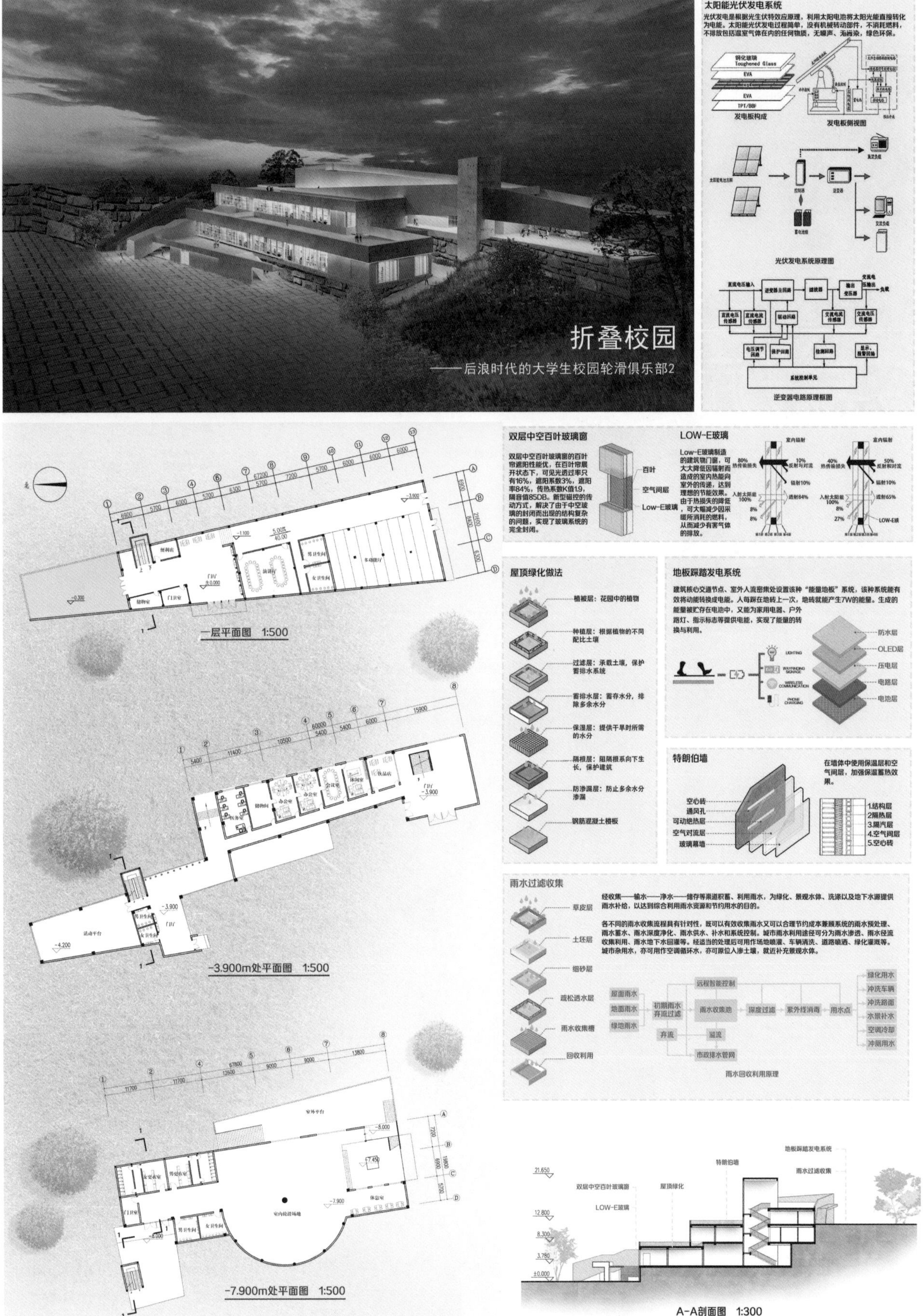

折叠校园
——后浪时代的大学生校园轮滑俱乐部2
太阳能光伏发电系统
光伏发电是根据光生伏特效应原理，利用太阳电池将太阳光能直接转化为电能。太阳能光伏发电过程简单，没有机械转动部件，不消耗燃料，不排放包括温室气体在内的任何物质，无噪声、无污染，绿色环保。
钢化玻璃 Toughened Glass
EVA
EVA
TPT/BBF
发电板构成
发电板侧视图
控制器
逆变器
光伏发电系统原理图
系统控制单元
逆变器电路原理框图
双层中空百叶玻璃窗
双层中空百叶玻璃窗的百叶帘遮阳性能优，在百叶帘展开状态下，可见光透过率只有16%，遮阳系数3%，遮阳率84%，传热系数K值1.9，隔音值85DB。新型磁控的传动方式，解决了由于中空玻璃的封闭而出现的结构复杂的问题，实现了玻璃系统的完全封闭。
百叶
空气间层
Low-E玻璃
LOW-E玻璃
Low-E玻璃制造的建筑物门窗，可大大降低因辐射而造成的室内热能向室外的传递，达到理想的节能效果。由于热损失的降低，可大幅减少因采暖所消耗的燃料，从而减少有害气体的排放。
室内辐射
80% 热传输损失
10% 反射与对流
辐射10%
入射太阳能 100%
透射84%
8%
8%
40% 热传输损失
50% 反射和对流
辐射10%
透射65%
27%
LOW-E膜
屋顶绿化做法
植被层：花园中的植物
种植层：根据植物的不同配比土壤
过滤层：承载土壤，保护蓄排水系统
蓄排水层：蓄存水分，排除多余水分
保湿层：提供干旱时所需的水分
隔根层：阻隔根系向下生长，保护建筑
防渗漏层：防止多余水分渗漏
钢筋混凝土楼板
地板踩踏发电系统
建筑核心交通节点、室外人流密集处设置该种“能量地板”系统，该种系统能有效将动能转换成电能。人每踩在地砖上一次，地砖就能产生7W的能量。生成的能量被贮存在电池中，又能为家用电器、户外路灯、指示标志等提供电能，实现了能量的转换与利用。
LIGHTING
WAYFINDING SIGNAGE
WIRELESS COMMUNICATION
PHONE CHARGING
防水层
OLED层
压电层
电路层
电池层
特朗伯墙
在墙体中使用保温层和空气间层，加强保温蓄热效果。
空心砖
通风孔
可动绝热层
空气对流层
玻璃幕墙
1.结构层
2隔热层
3.隔汽层
4.空气间层
5.空心砖
雨水过滤收集
经收集——输水——净水——储存等渠道积蓄、利用雨水，为绿化、景观水体、洗涤以及地下水源提供雨水补给，以达到综合利用雨水资源和节约用水的目的。
各不同的雨水收集流程具有针对性，既可以有效收集雨水又可以合理节约成本兼顾系统的雨水预处理、雨水蓄水、雨水深度净化、雨水供水、补水和系统控制。城市雨水利用途径可分为雨水渗透、雨水径流收集利用、雨水地下水回灌等。经适当的处理后可用作场地喷灌、车辆清洗、道路喷洒、绿化灌溉等。城市杂用水，亦可用作空调循环水，亦可原位入渗土壤，就近补充景观水体。
草皮层
土坯层
细砂层
疏松透水层
雨水收集槽
回收利用
屋面雨水
地面雨水
绿地雨水
初期雨水弃流过滤
远程智能控制
雨水收集池
深度过滤
紫外线消毒
用水点
弃流
溢流
市政排水管网
绿化用水
冲洗车辆
冲洗路面
水景补水
空调冷却
冲厕用水
雨水回收利用原理
一层平面图 1:500
-3.900m处平面图 1:500
-7.900m处平面图 1:500
21.650
12.800
8.300
3.780
±0.000
双层中空百叶玻璃窗
LOW-E玻璃
屋顶绿化
特朗伯墙
地板踩踏发电系统
雨水过滤收集
A-A剖面图 1:300

一等奖 作品

作品名称：浮出历史地表·校园老建筑的新生与记忆重塑

作者：唐一、黄镘铭　　指导老师：吕昀、王蓉　　学校：长沙理工大学

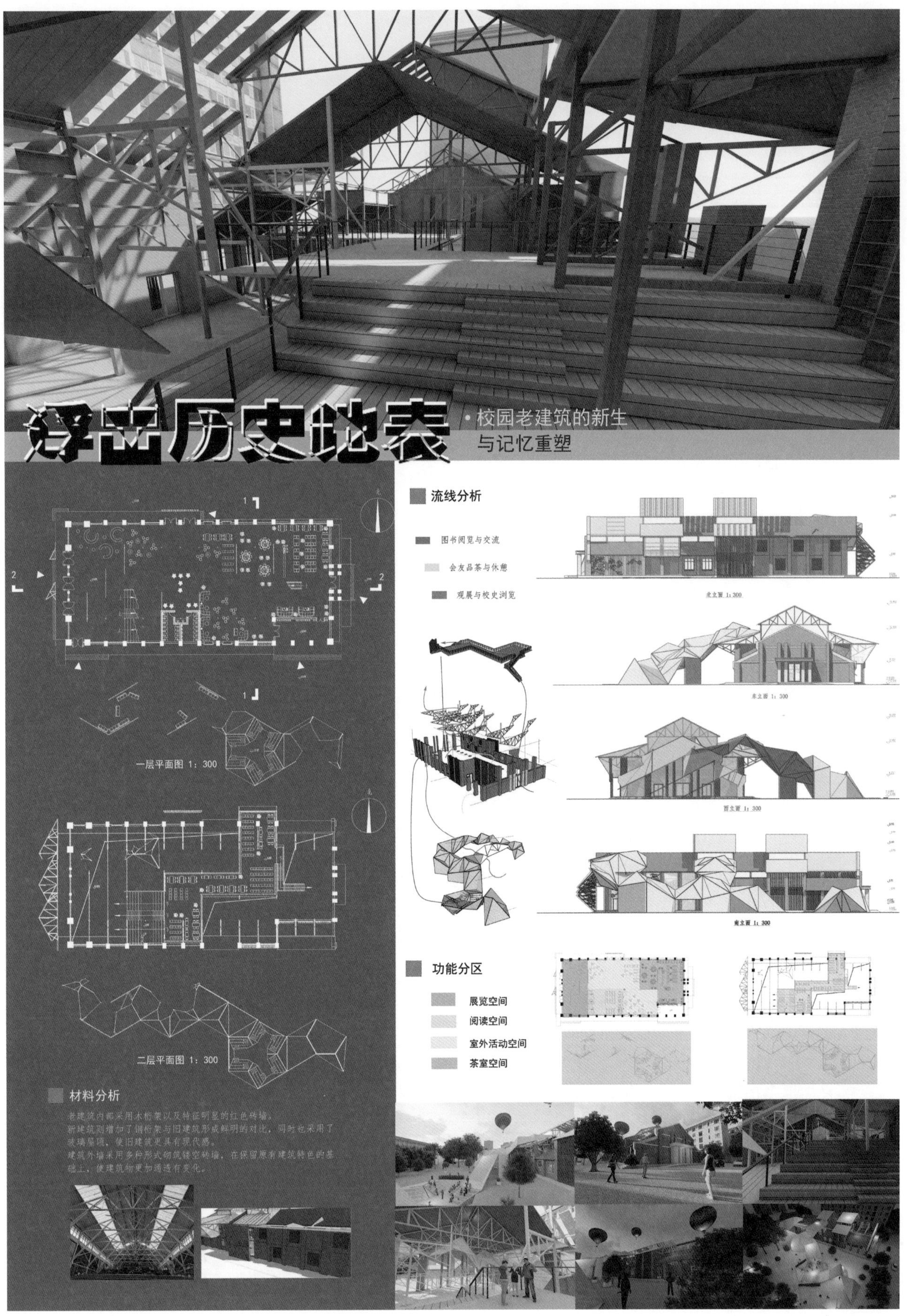
浮出历史地表
·校园老建筑的新生
与记忆重塑
一层平面图 1：300
二层平面图 1：300
材料分析
老建筑内部采用木桁架以及特征明显的红色砖墙。
新建筑则增加了钢桁架与旧建筑形成鲜明的对比，同时也采用了玻璃屋顶，使旧建筑更具有现代感。
建筑外墙采用多种形式砌筑镂空砖墙，在保留原有建筑特色的基础上，使建筑物更加通透有变化。
流线分析
图书阅览与交流
会友品茶与休憩
观展与校史浏览
北立面 1：300
东立面 1：300
西立面 1：300
南立面 1：300
功能分区
展览空间
阅读空间
室外活动空间
茶室空间

一等奖 作品

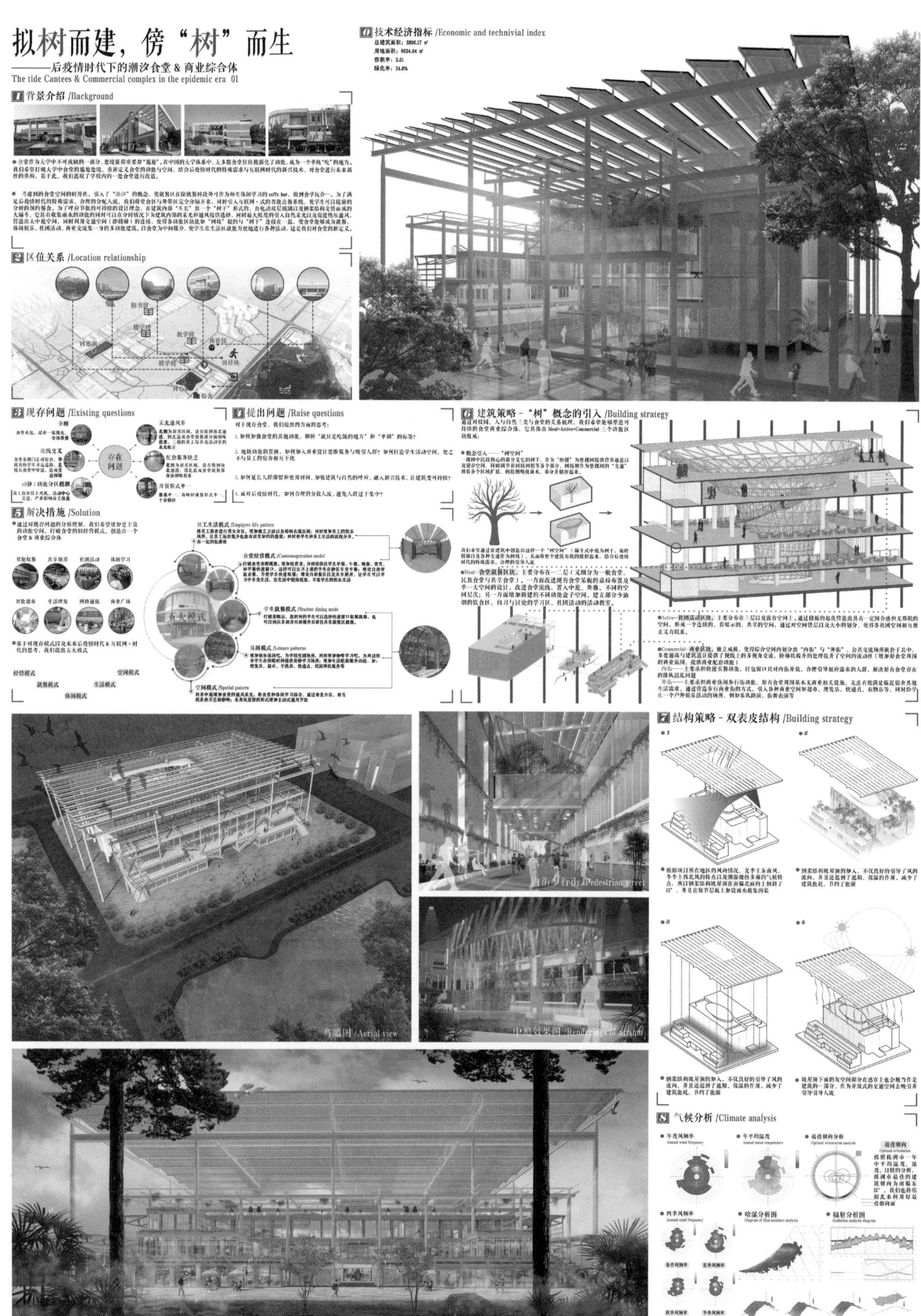

作品名称：拟树而建，傍“树”而生——后疫情时代下的潮汐食堂 & 商业综合体

作者：邱妤菲菲、钟健达、施玲、盛紫轩　　指导老师：杨熙、李昊　　学校：湖南工业大学

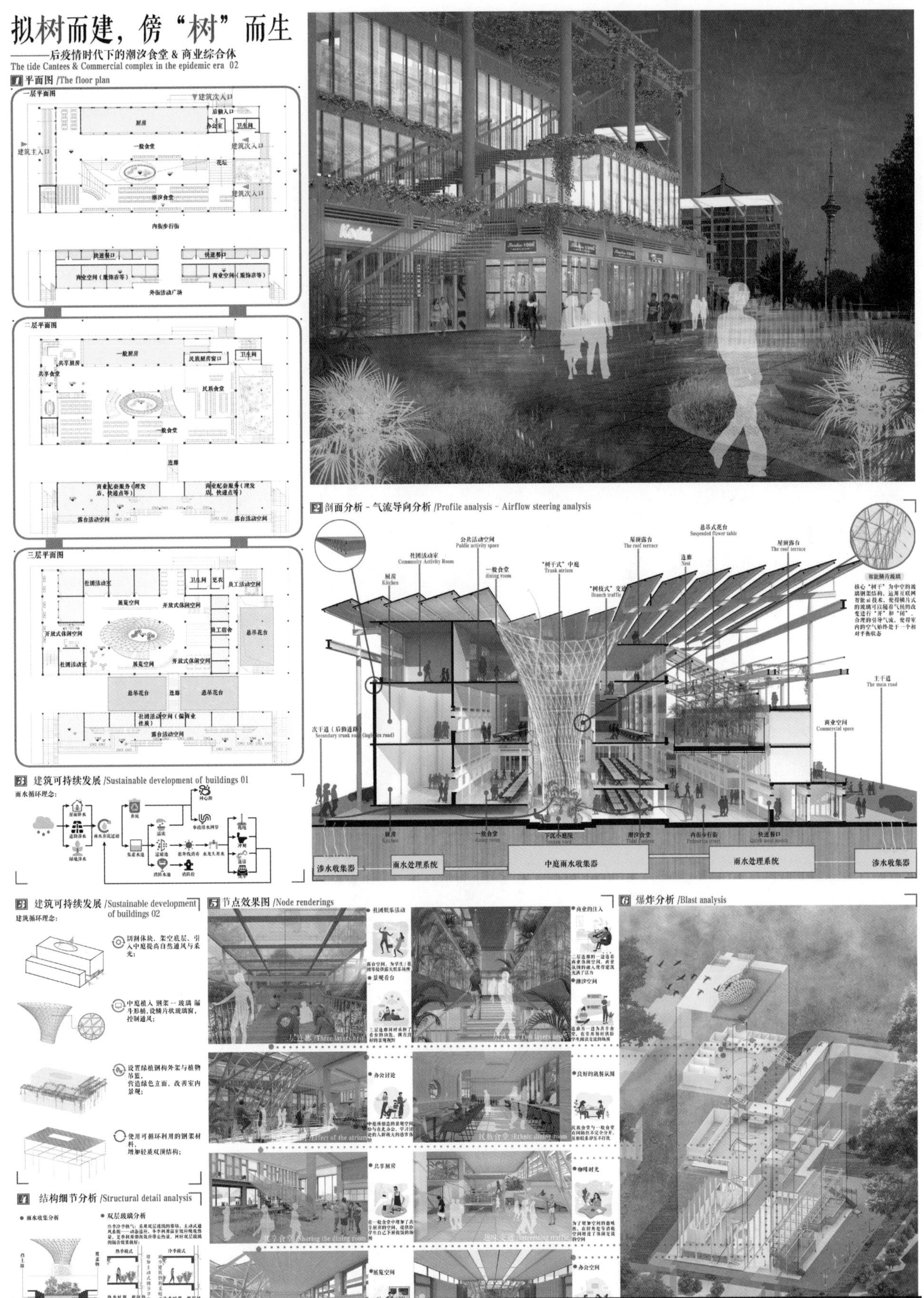

拟树而建，傍“树”而生
——后疫情时代下的潮汐食堂＆商业综合体
The tide Cantees & Commercial complex in the epidemic era 02
平面图 /The floor plan
剖面分析 - 气流导向分析 /Profile analysis - Airflow steering analysis
建筑可持续发展 /Sustainable development of buildings 01
建筑可持续发展 /Sustainable development of buildings 02
节点效果图 /Node renderings
爆炸分析 /Blast analysis
结构细节分析 /Structural detail analysis

一等奖 作品

二等奖

作品名称：书与树的平行并置——基于老校区更新和绿色技术的图书馆改造
作者：赵榕榕、汪馨悦　　指导老师：罗明、宋盈　　学校：中南大学

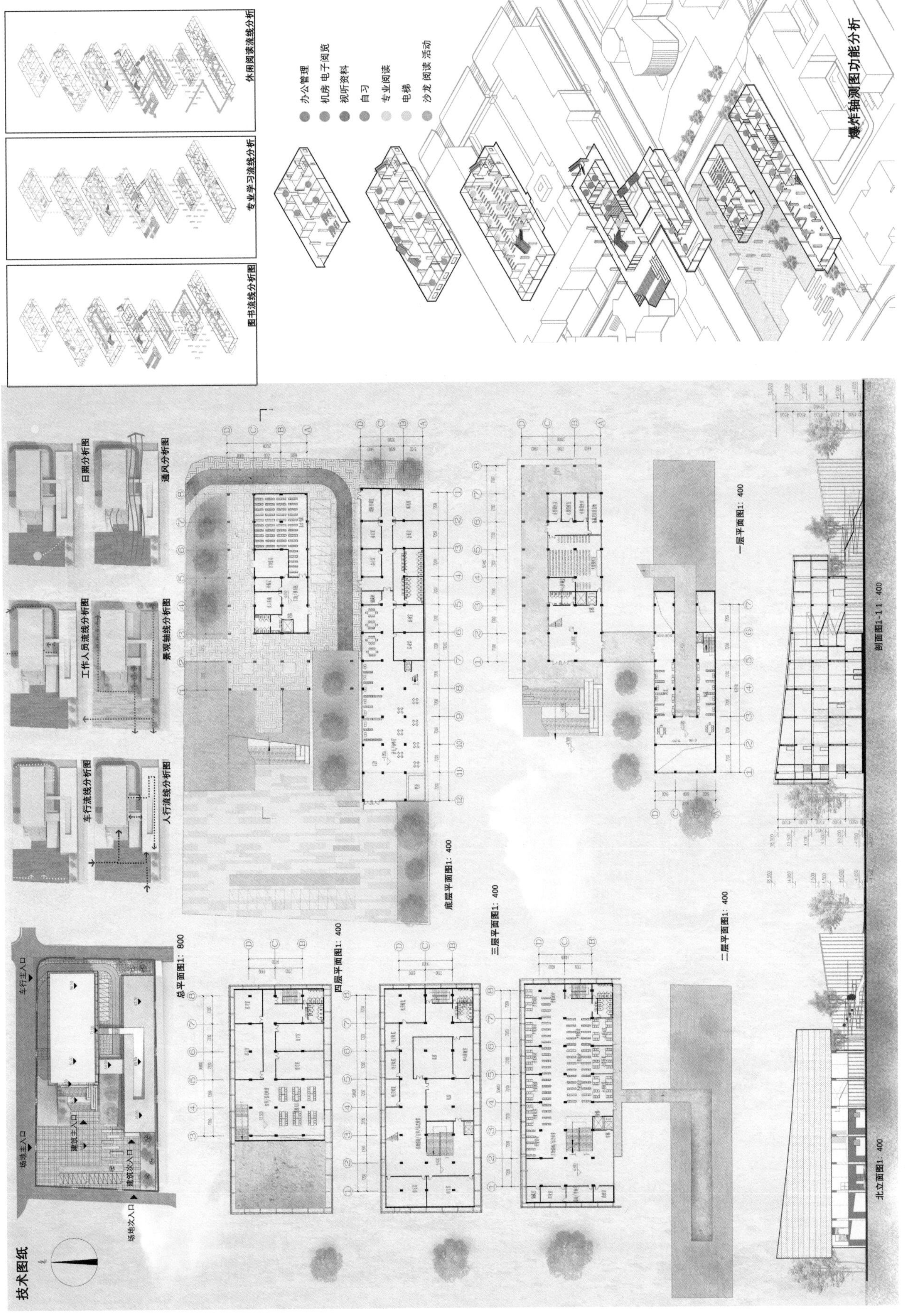
技术图纸
总平面图1：800
车行主入口
场地主入口
建筑主入口
建筑次入口
场地次入口
车行流线分析图
人行流线分析图
工作人员流线分析图
景观轴线分析图
日照分析图
通风分析图
底层平面图1：400
四层平面图1：400
三层平面图1：400
二层平面图1：400
一层平面图1：400
剖面图1-1 1：400
北立面图1：400
图书流线分析图
专业学习流线分析
休闲阅读流线分析
办公管理
机房 电子阅览
视听资料
自习
专业阅读
电梯
沙龙 阅读 活动
爆炸轴测图功能分析

二等奖 作品

作品名称：飞辙——大学生抗疫公寓社区

作者：陆元昊、商祯祥、欧阳楠、吴涛　　指导老师：许昊皓、李旭　　学校：湖南大学

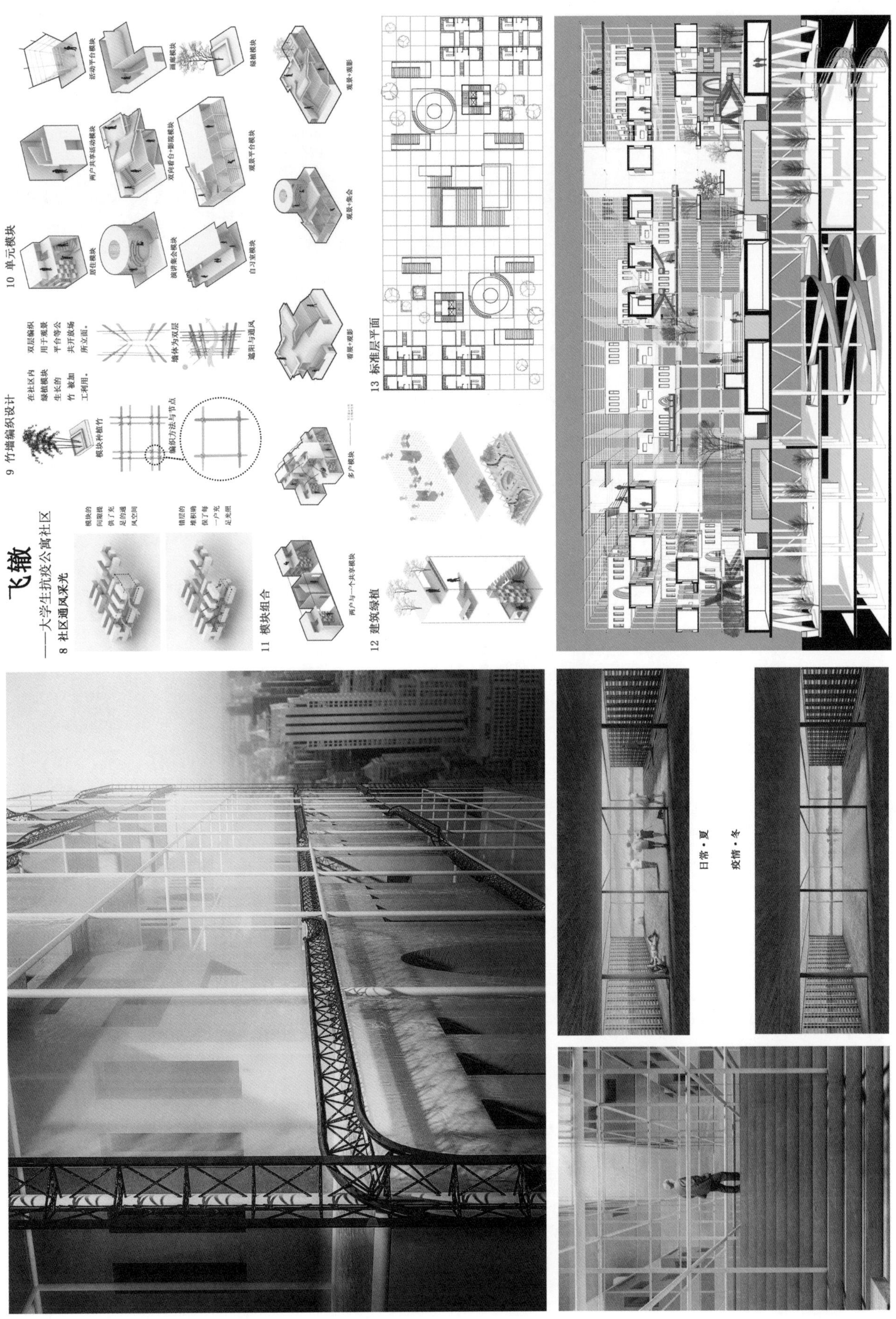
飞辙
——大学生抗疫公寓社区
8 社区通风采光
9 竹墙编织设计
10 单元模块
11 模块组合
12 建筑绿植
13 标准层平面
日常·夏
疫情·冬

二等奖 作品

作品名称：浮于事

作者：宋智明、王昊、方万俊、庞艳　　指导老师：彭智谋、张光　　学校：湖南大学

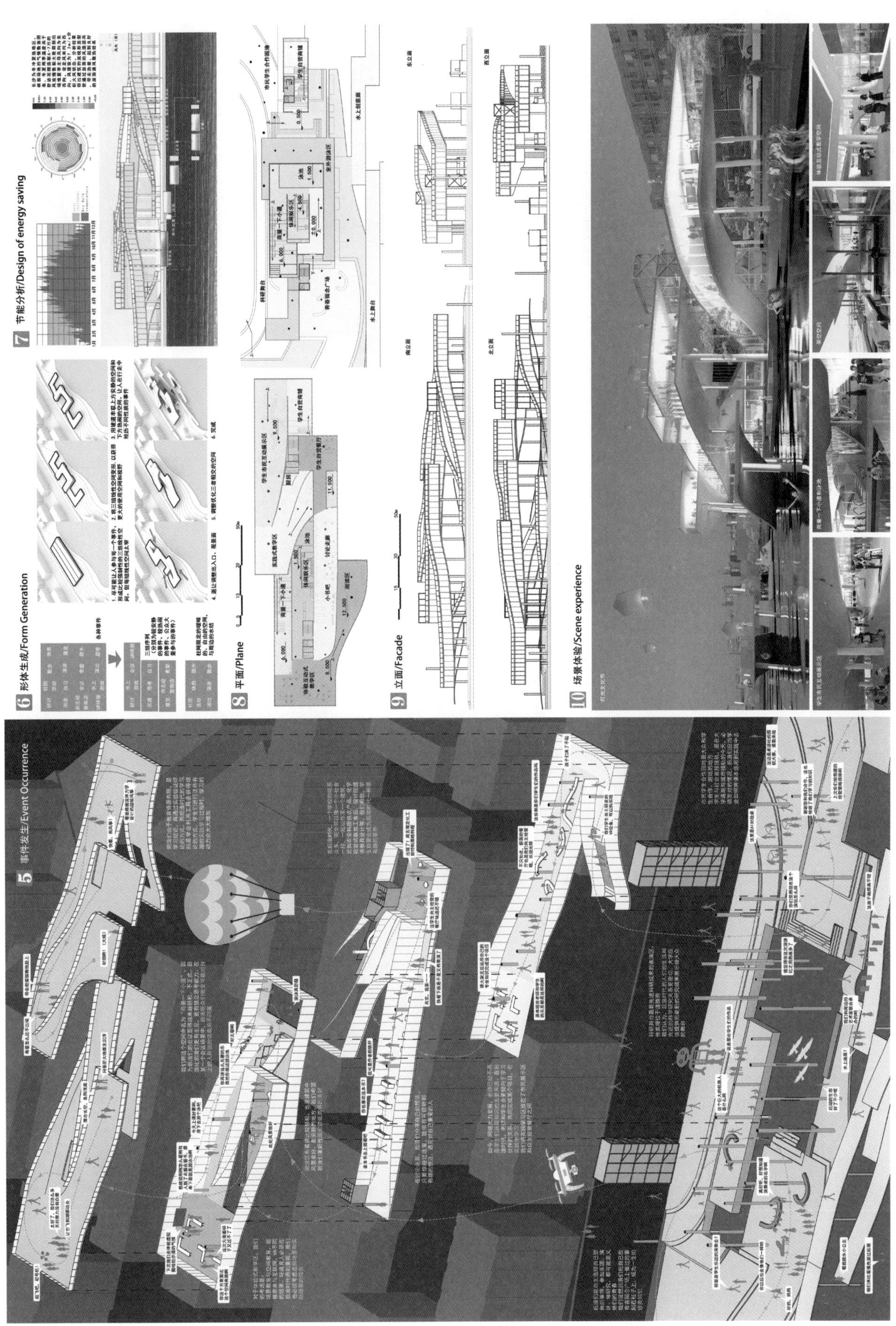
5 事件发生/Event Occurrence
6 形体生成/Form Generation
7 节能分析/Design of energy saving
8 平面/Plane
9 立面/Facade
10 场景体验/Scene experience

二等奖 作品

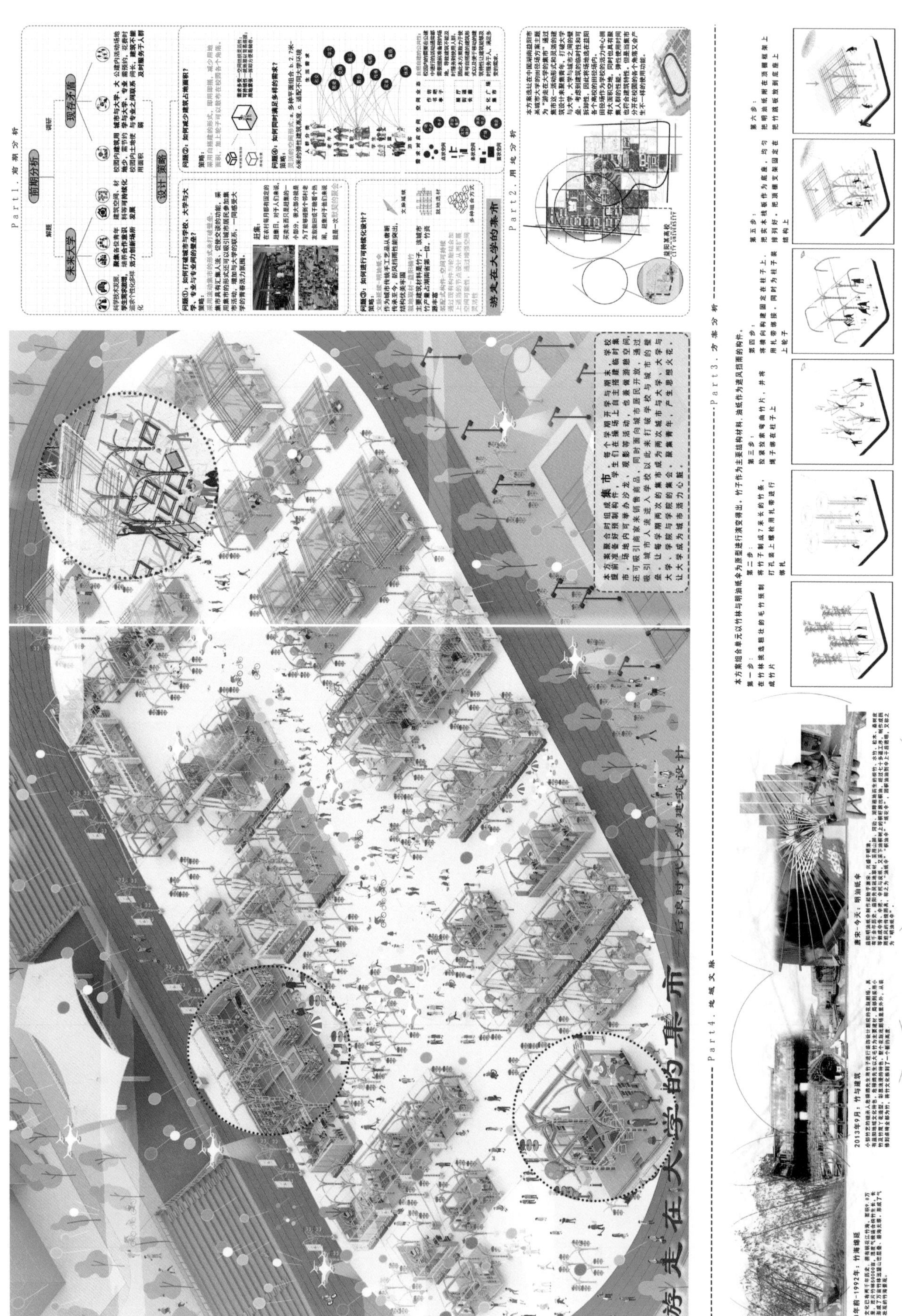

作品名称：游走在大学的集市——后浪时代大学建筑设计

作者：康佳红、何玲　　指导老师：刘培芳　　学校：湖南城市学院

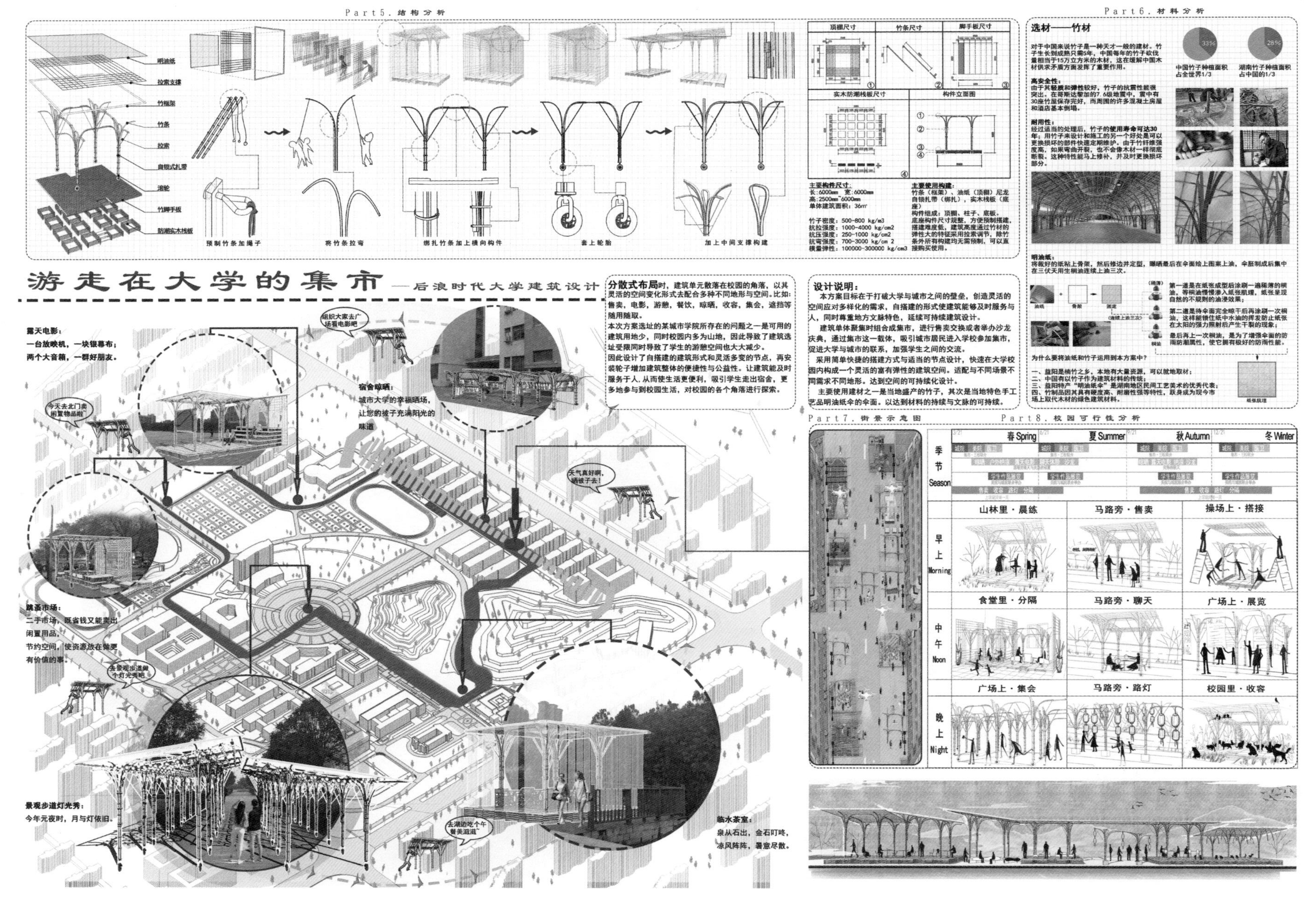
Part5. 结构分析
明油纸
拉索支撑
竹框架
竹条
拉索
自锁式扎带
滚轮
竹脚手板
防潮实木栈板
预制竹条加绳子
将竹条拉弯
绑扎竹条加上横向构件
套上轮胎
加上中间支撑构建
顶棚尺寸
竹条尺寸
脚手板尺寸
实木防潮栈板尺寸
构件立面图
主要构件尺寸：
长:6000mm 宽:6000mm
高:2500mm~6000mm
单体建筑面积：36㎡
竹子密度：500-800 kg/m3
抗拉强度：1000-4000 kg/cm2
抗压强度：250-1000 kg/cm2
抗弯强度：700-3000 kg/cm 2
横量弹性：100000-300000 kg/cm3
主要使用构建：
竹条（框架）、油纸（顶棚）尼龙自锁扎带（绑扎），实木栈板（底座）
构件组成：顶棚、柱子、底板。
底座构件尺寸规整，方便预制搭建，搭建难度低，建筑高度通过竹材的弹性大的特征采用拉索调节，除竹条外所有构建均无需预制，可以直接购买使用。
Part6. 材料分析
选材——竹材
对于中国来说竹子是一种天才一般的建材。竹子生长到成熟只需5年，中国每年的竹子砍伐量相当于15万立方米的木材，这在缓解中国木材供求矛盾方面发挥了重要作用。
高安全性：
由于其轻质和弹性较好，竹子的抗震性能很突出。在哥斯达黎加的7.6级地震中，震中有30座竹屋保存完好，而周围的许多混凝土房屋和酒店基本倒塌。
耐用性：
经过适当的处理后，竹子的使用寿命可达30年；用竹子来设计和施工的另一个好处是可以更换损坏的部件快速定期维护。由于竹纤维强度高，如果弯曲开裂，也不会像木材一样彻底断裂。这种特性能马上修补，并及时更换损坏部分。
33%
28%
中国竹子种植面积占全世界1/3
湖南竹子种植面积占中国的1/3
明油纸：
将裁好的纸粘上骨架，然后修边并定型，曝晒最后在伞面绘上图案上油，伞胚制成后集中在三伏天用生桐油连续上油三次。
油纸
骨架
固定
（连续上油三次）
（稀薄）
桐油
第一道是在纸张成型后涂刷一遍稀薄的桐油，等桐油慢慢渗入纸张肌理，纸张呈现自然的不规则的油浸效果；
第二道是待伞面完全晾干后再涂刷一次桐油，这样能锁住纸中水油的挥发防止纸张在太阳的强力照射后产生干裂的现象；
最后再上一次桐油，是为了增强伞面的防雨防潮属性，使它拥有极好的防雨性能。
为什么要将油纸和竹子运用到本方案中？
一、益阳是楠竹之乡，本地有大量资源，可以就地取材；
二、中国有以竹子作为建筑材料的传统；
三、益阳特产“明油纸伞”是湖南地区民间工艺美术的优秀代表；
四、竹制品因其具有硬度高、耐磨性强等特性，跃身成为现今市场上取代木材的绿色建筑材料。
纸张肌理
游走在大学的集市
—后浪时代大学建筑设计
分散式布局时，建筑单元散落在校园的角落，以其灵活的空间变化形式去配合多种不同地形与空间。比如：售卖，电影，游憩，餐饮，晾晒，收容，集会，遮挡等随用随取。
本次方案选址的某城市学院所存在的问题之一是可用的建筑用地少，同时校园内多为山地，因此导致了建筑选址受限同时导致了学生的游憩空间也大大减少。
因此设计了自搭建的建筑形式和灵活多变的节点，再安装轮子增加建筑整体的便捷性与公益性。让建筑能及时服务于人，从而使生活更便利，吸引学生走出宿舍，更多地参与到校园生活，对校园的各个角落进行探索。
设计说明：
本方案目标在于打破大学与城市之间的壁垒，创造灵活的空间应对多样化的需求，自搭建的形式使建筑能够及时服务与人，同时尊重地方文脉特色，延续可持续建筑设计。
建筑单体聚集时组合成集市，进行售卖交换或者举办沙龙庆典，通过集市这一载体，吸引城市居民进入学校参加集市，促进大学与城市的联系，加强学生之间的交流。
采用简单快捷的搭建方式与适当的节点设计，快速在大学校园内构成一个灵活的富有弹性的建筑空间。适配与不同场景不同需求不同地形。达到空间的可持续化设计。
主要使用建材之一是当地盛产的竹子，其次是当地特色手工艺品明油纸伞的伞面。以达到材料的持续与文脉的可持续。
露天电影：
一台放映机，一块银幕布；
两个大音箱，一群好朋友。
组织大家去广场看电影吧
宿舍晾晒：
城市大学的幸福晒场，
让您的被子充满阳光的味道
今天去北门卖闲置物品啦
天气真好啊，晒被子去！
跳蚤市场：
二手市场，既省钱又能卖出闲置用品，
节约空间，使资源放在做更有价值的事。
去景观步道做个灯光秀吧
景观步道灯光秀：
今年元夜时，月与灯依旧。
去湖边吃个午餐美滋滋
临水茶室：
泉从石出，金石叮咚，
凉风阵阵，暑意尽散。
Part7. 街景示意图
Part8. 校园可行性分析
季节 Season
春 Spring
夏 Summer
秋 Autumn
冬 Winter
早上 Morning
山林里·晨练
马路旁·售卖
操场上·搭接
中午 Noon
食堂里·分隔
马路旁·聊天
广场上·展览
晚上 Night
广场上·集会
马路旁·路灯
校园里·收容

二等奖 作品

作品名称：建筑生命体——湘南地区校园老旧建筑生态适应性设计探索

作者：胡佳琪、余泳俊、于旭东、段源珂　　指导老师：何璐珂、唐飚　　学校：南华大学

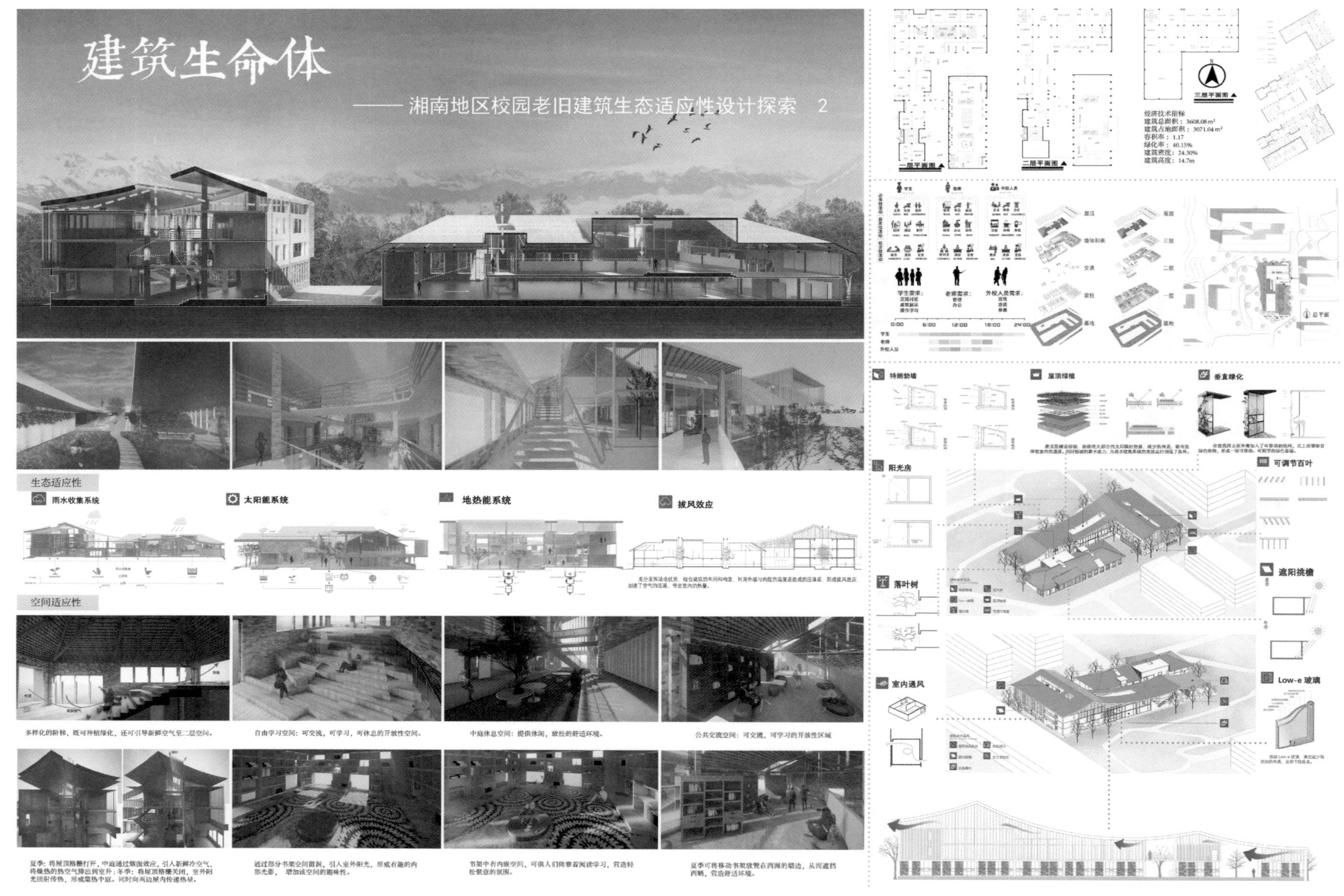
建筑生命体
——湘南地区校园老旧建筑生态适应性设计探索 2
生态适应性
雨水收集系统
太阳能系统
地热能系统
拔风效应
空间适应性
多样化的阶梯，既可种植绿化，还可引导新鲜空气至二层空间。
自由学习空间：可交流，可学习，可休息的开放性空间。
中庭休息空间：提供休闲，放松的舒适环境。
公共交流空间：可交流，可学习的开放性区域
一层平面图
二层平面图
三层平面图
经济技术指标
建筑总面积：3608.08 m²
建筑占地面积：3071.04 m²
容积率：1.17
绿化率：40.15%
建筑密度：24.30%
建筑高度：14.7m
学生需求：
老师需求：
外校人员需求：
总平面
特朗勃墙
屋顶绿植
垂直绿化
阳光房
可调节百叶
落叶树
遮阳挑檐
室内通风
Low-e 玻璃

二等奖 作品

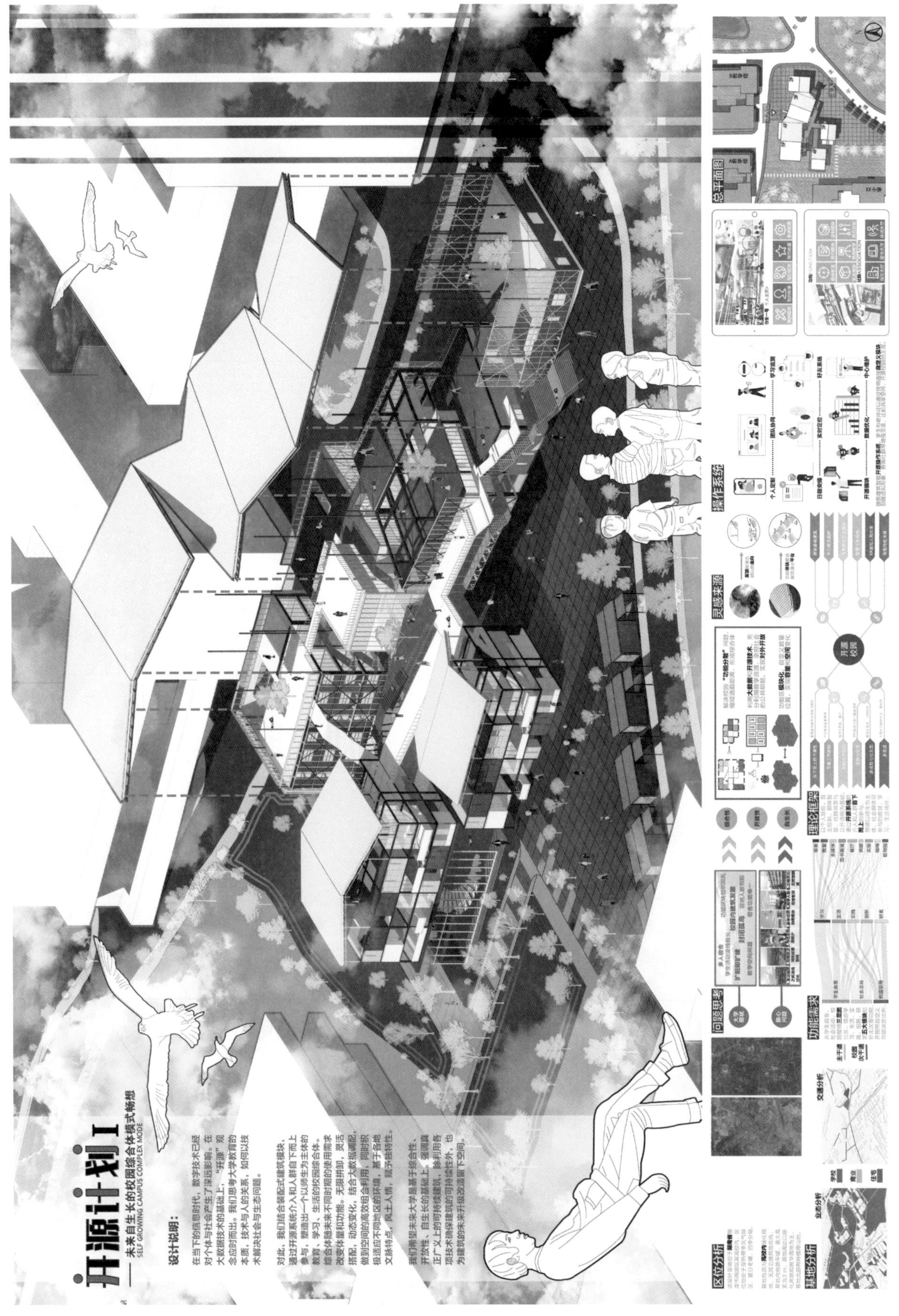

作品名称：开源计划——未来自生长的校园综合体模式畅想

作者：陈雅娜、刘鑫杰、陈世彪、阳雅芝　　指导老师：金熙、姜兴华　　学校：湖南科技大学

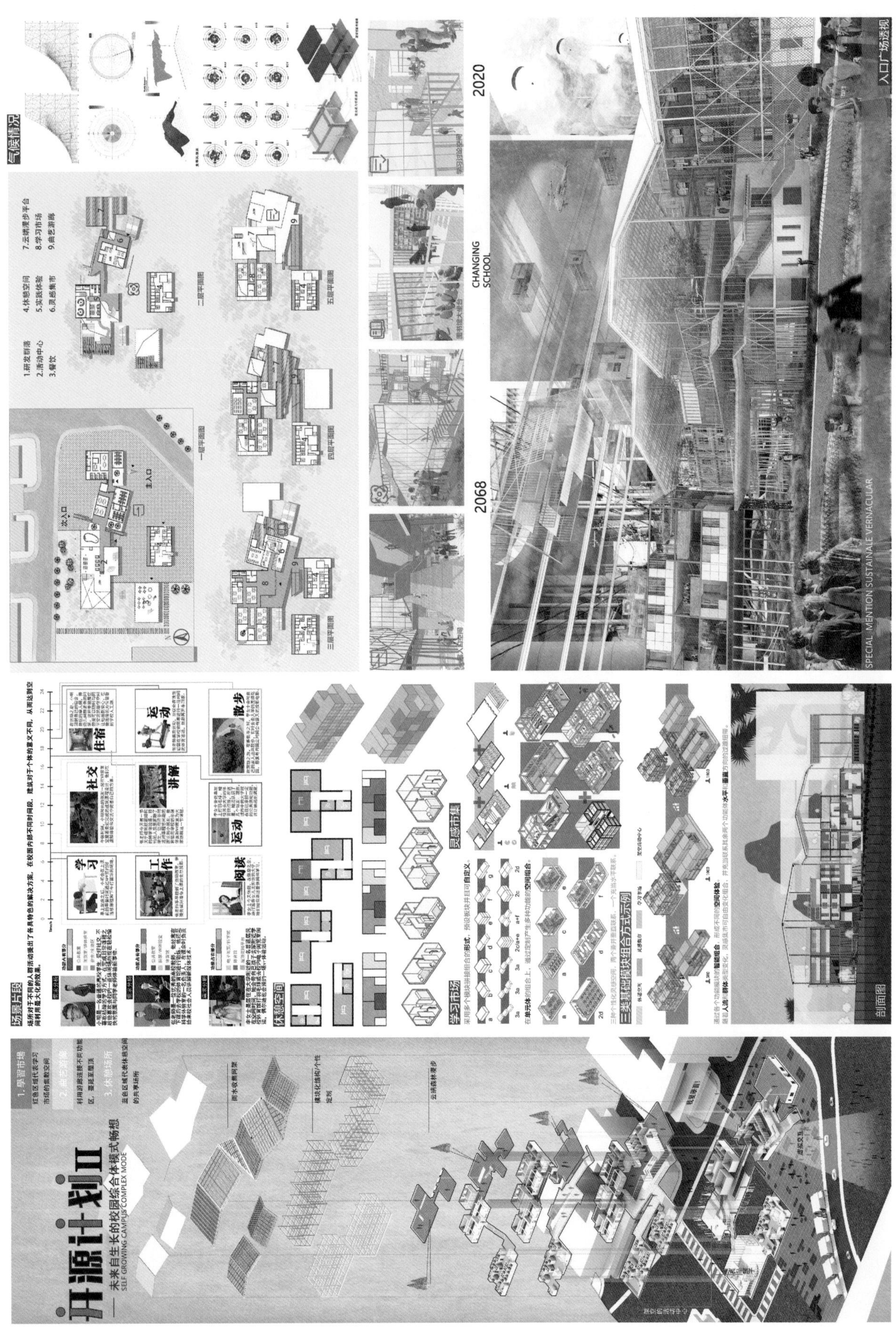
开源计划II
未来自生长的校园综合体模式畅想
SELF GROWING CAMPUS COMPLEX MODE
场景片段
休憩空间
学习市场
灵感市集
剖面图
气候情况
2020
2068
CHANGING SCHOOL
SPECIAL MENTION SUSTAINALE VERNACULAR
入口广场透视

二等奖 作品

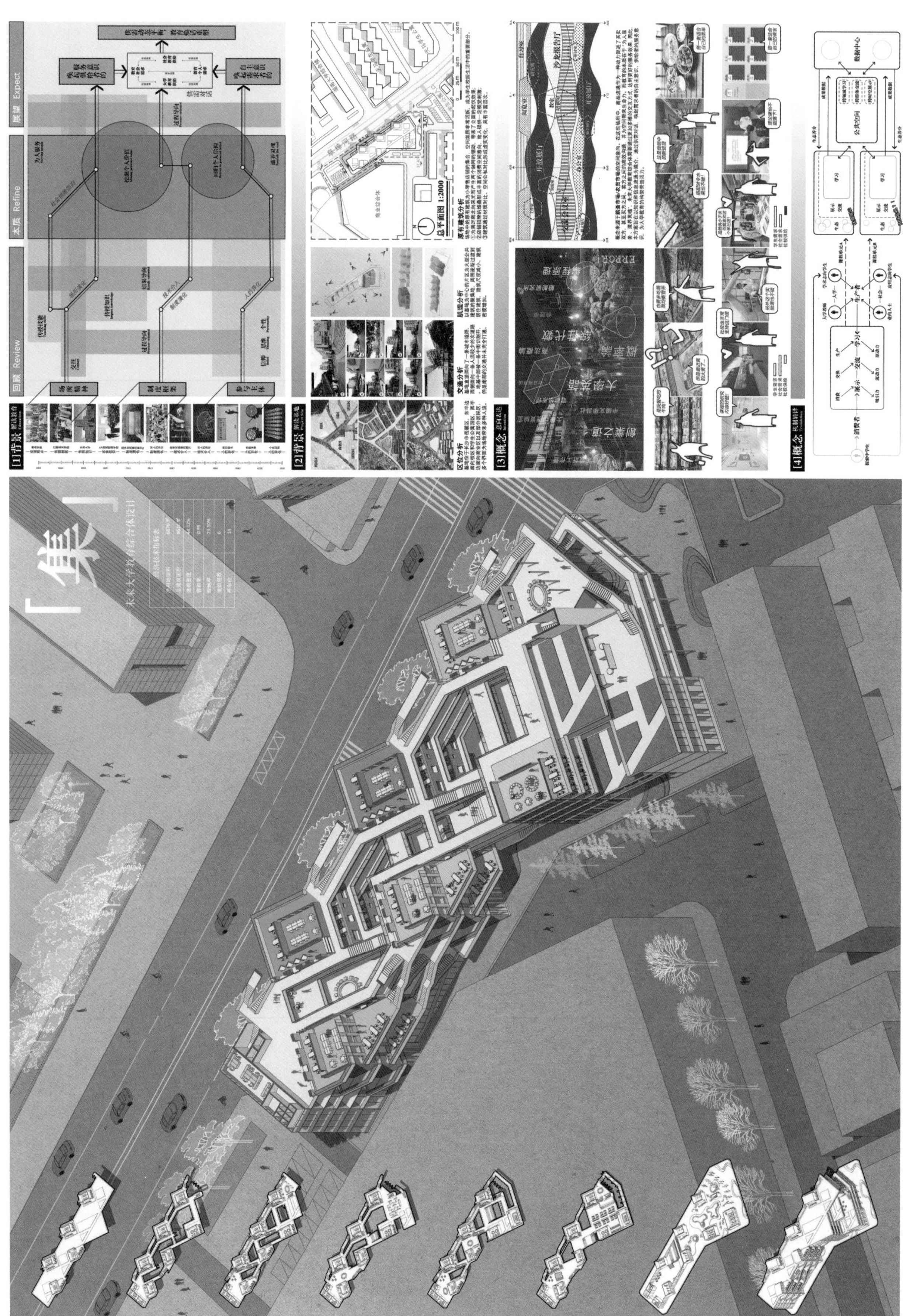

作品名称：集——未来大学教育综合体设计

作者：许逸伦　　指导老师：张蔚　　学校：湖南大学

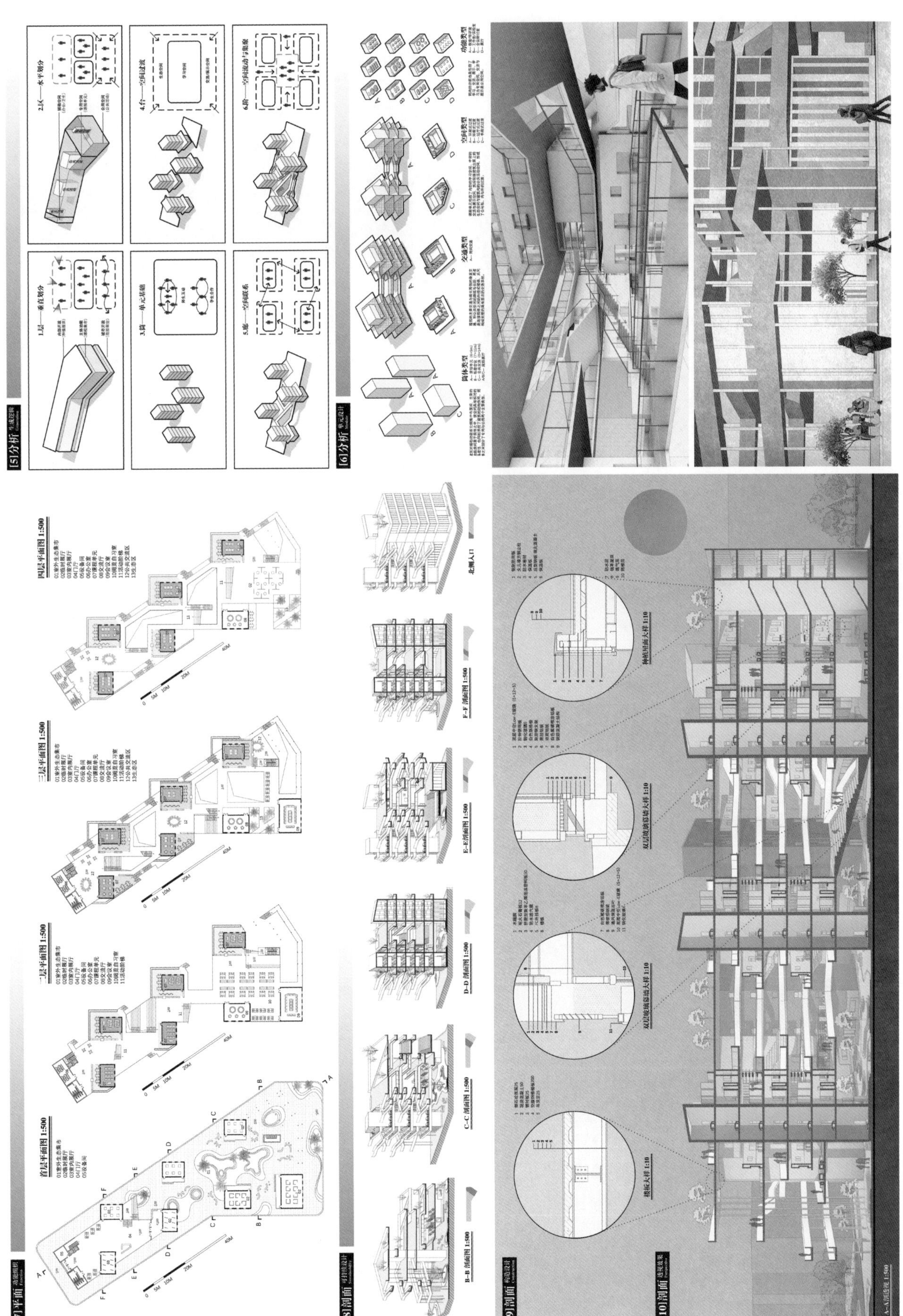

二等奖 作品

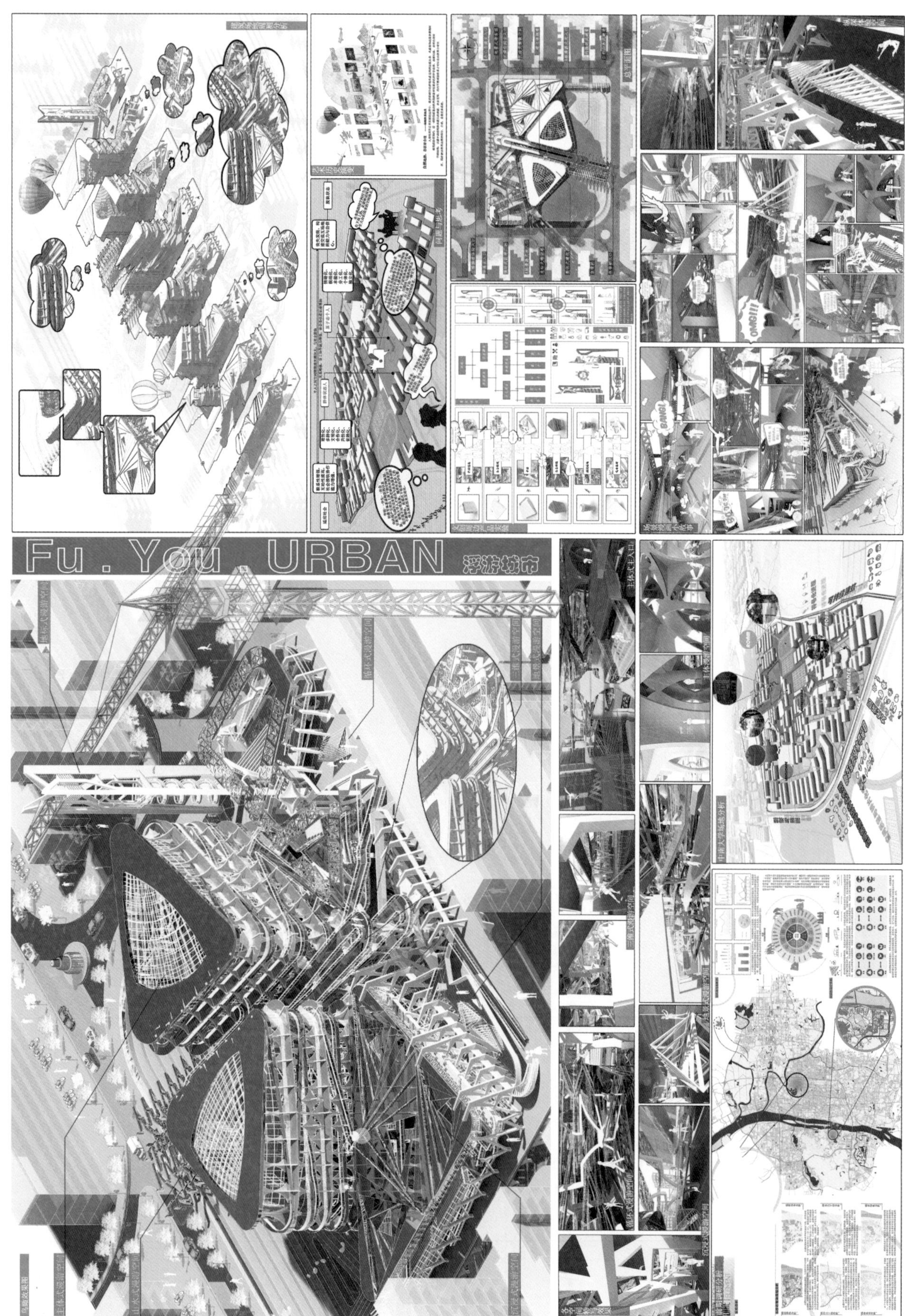

作品名称：Fu.You.URBAN 浮游城市

作者：李泳诠、贺琳、贺徐、叶鸿戈　　指导老师：刘培芳　　学校：湖南城市学院

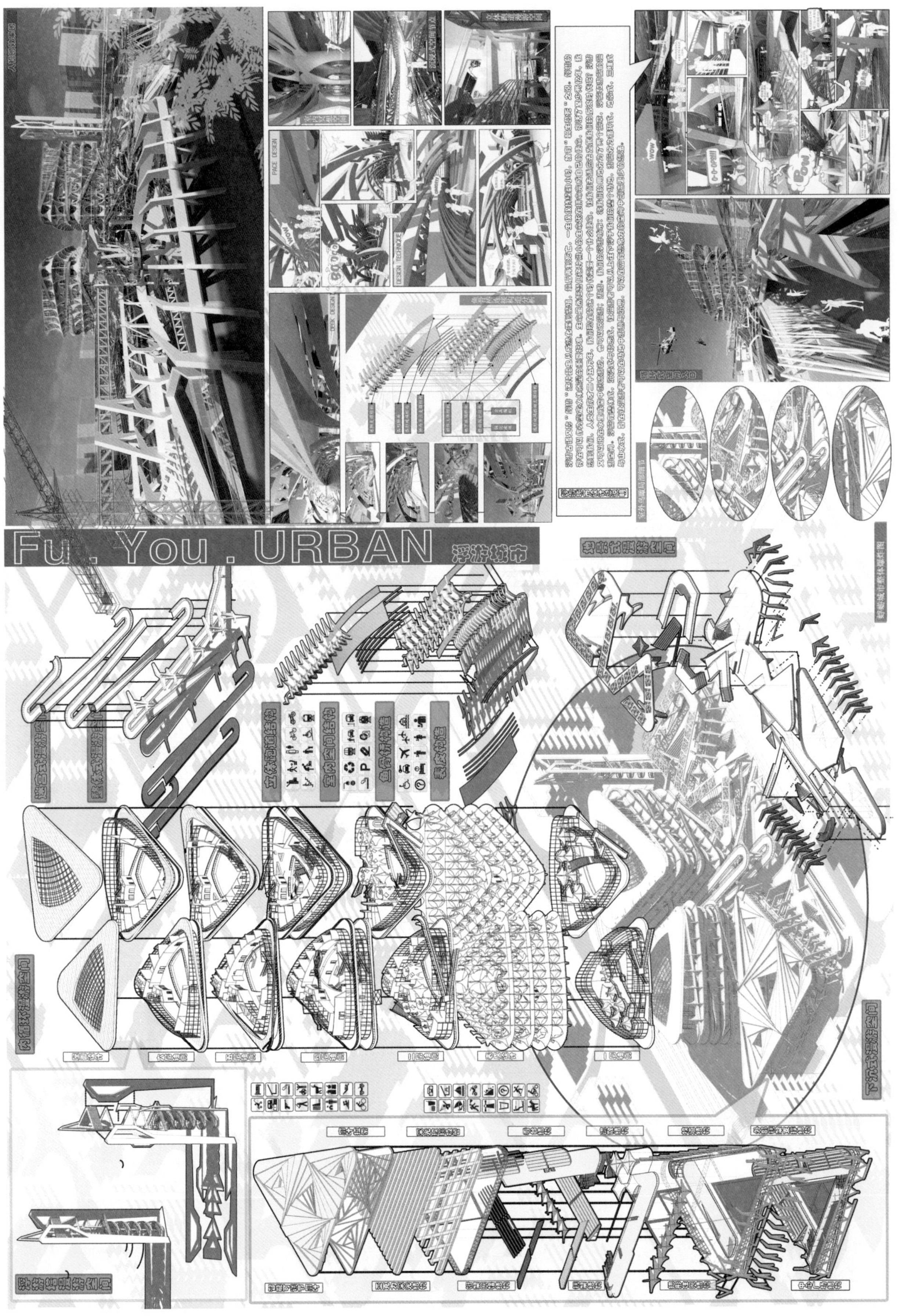

二等奖 作品

作品名称：水乐方——基于解决夏季内涝老校区建筑系馆改造方案

作者：闫语函、张雨萌、李卉淼　　指导老师：宋盈、罗明　　学校：中南大学

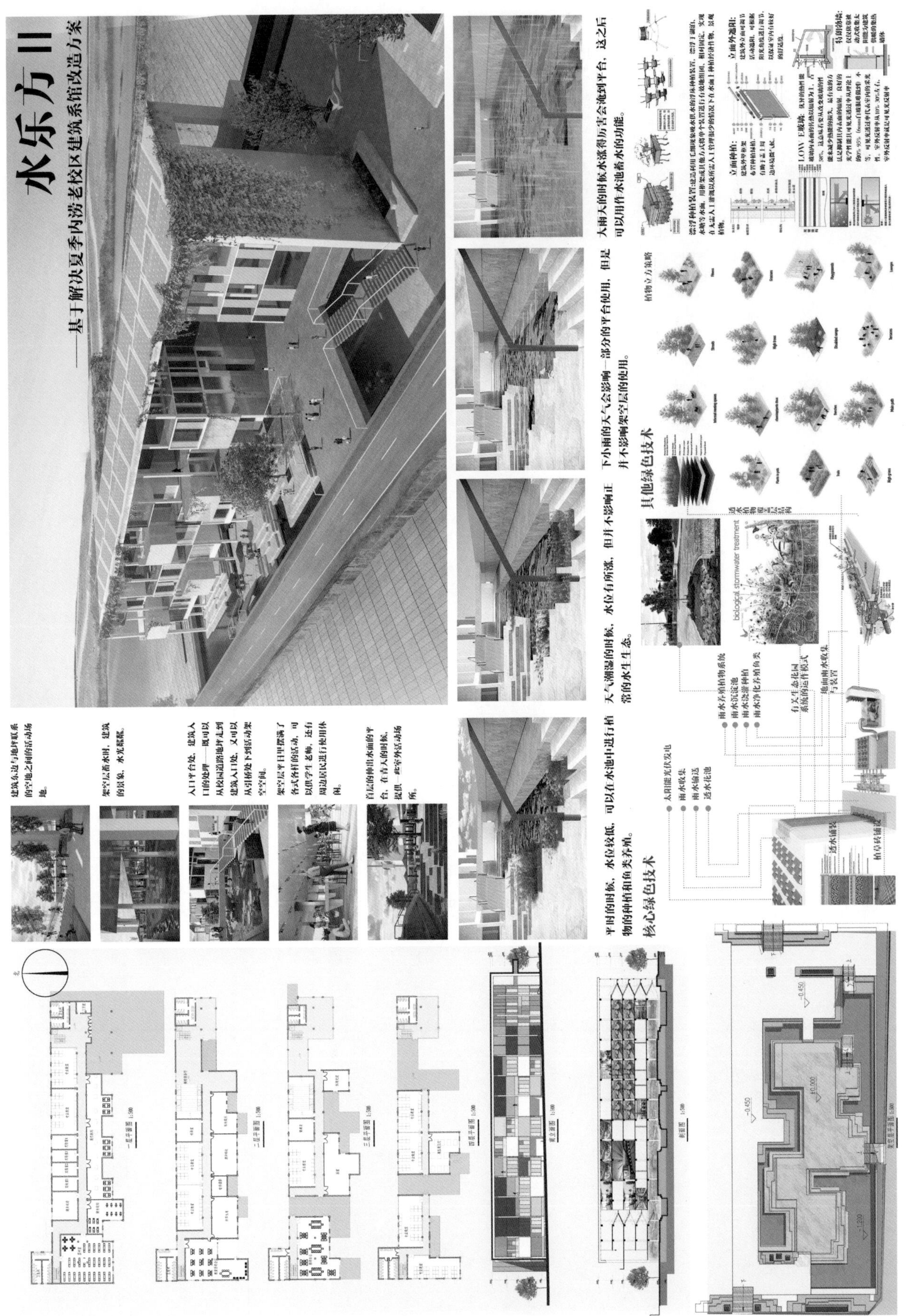

二等奖 作品

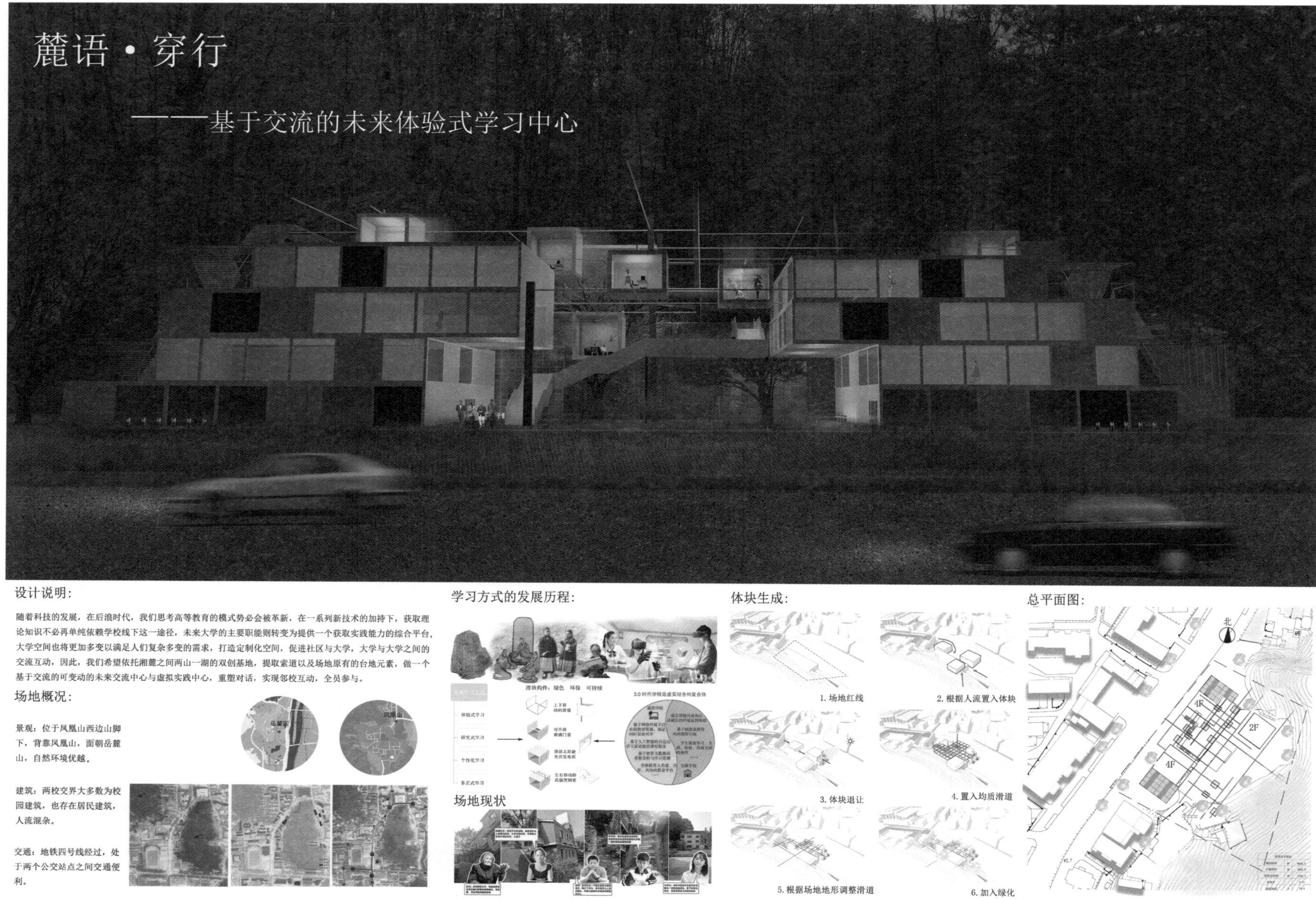

作品名称：麓语·穿行——基于交流的未来体验式学习中心
作者：陈霞、陈静　　指导老师：彭智谋、张光　　学校：湖南大学

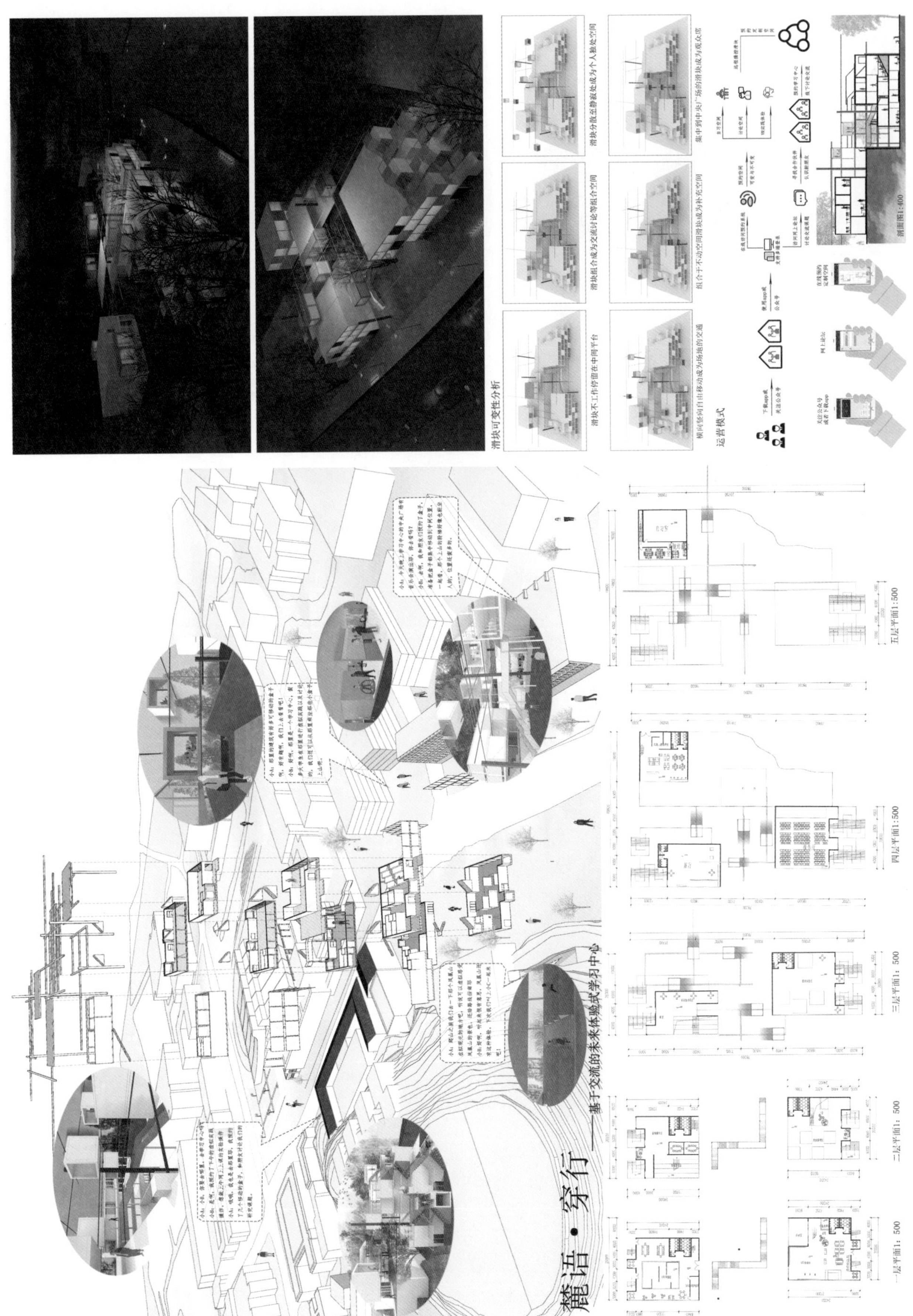
麓语·穿行
——基于交流的未来体验式学习中心
滑块可变性分析
滑块不工作停留在中间平台
滑块组合成为交流讨论等组合空间
滑块分散至静谧处成为个人独处空间
横向竖向自由移动成为场地的交通
组合于不动空间滑块成为补充空间
集中到中央广场的滑块成为观众席
运营模式
剖面图1:400
一层平面1:500
二层平面1:500
三层平面1:500
四层平面1:500
五层平面1:500

二等奖 作品

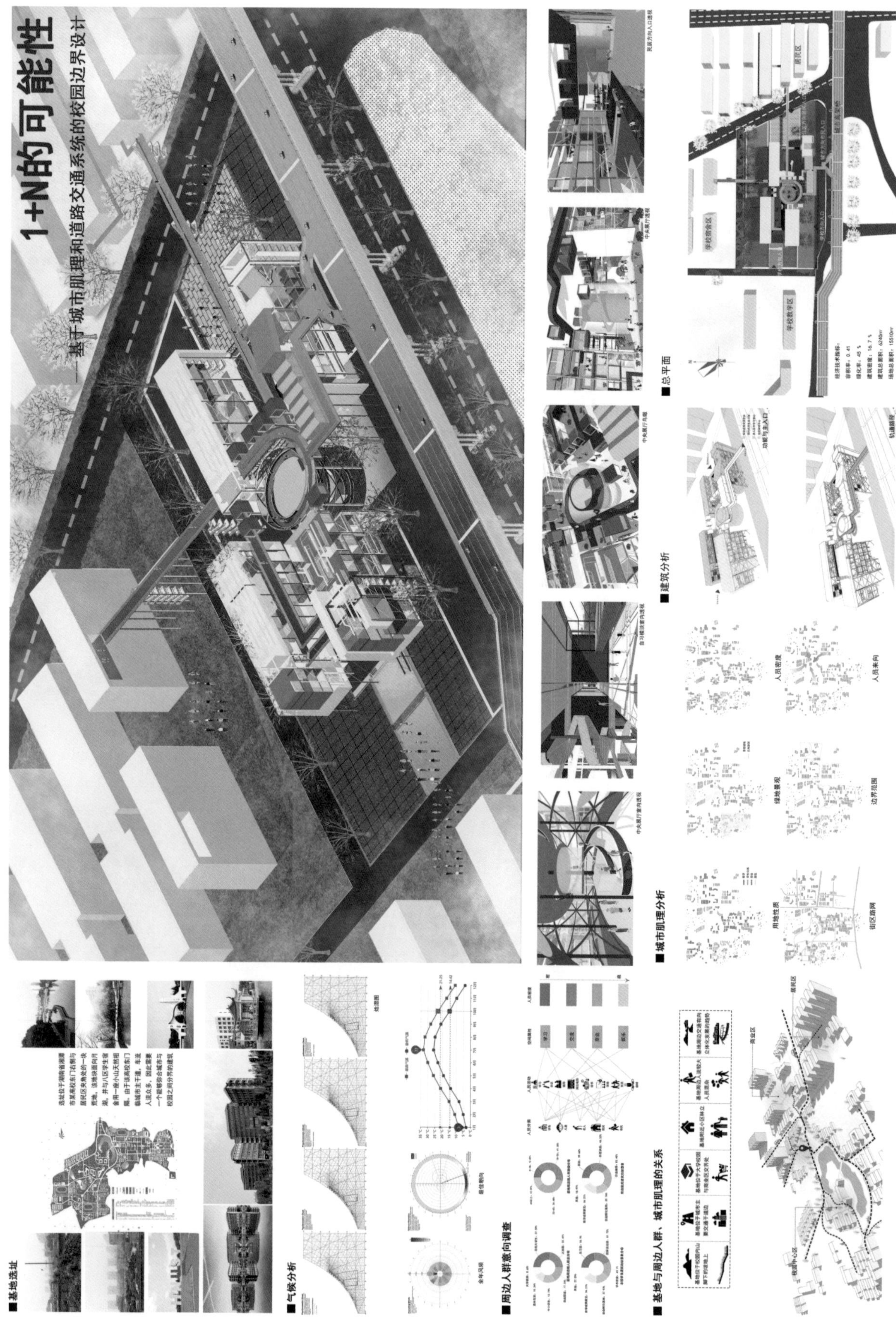

作品名称：1+N 的可能性——基于城市肌理和道路交通系统的校园边界设计
作者：周天娇、曹雪娇、刘飘扬、韦嘉林　　指导老师：金熙、伍国正　　学校：湖南科技大学

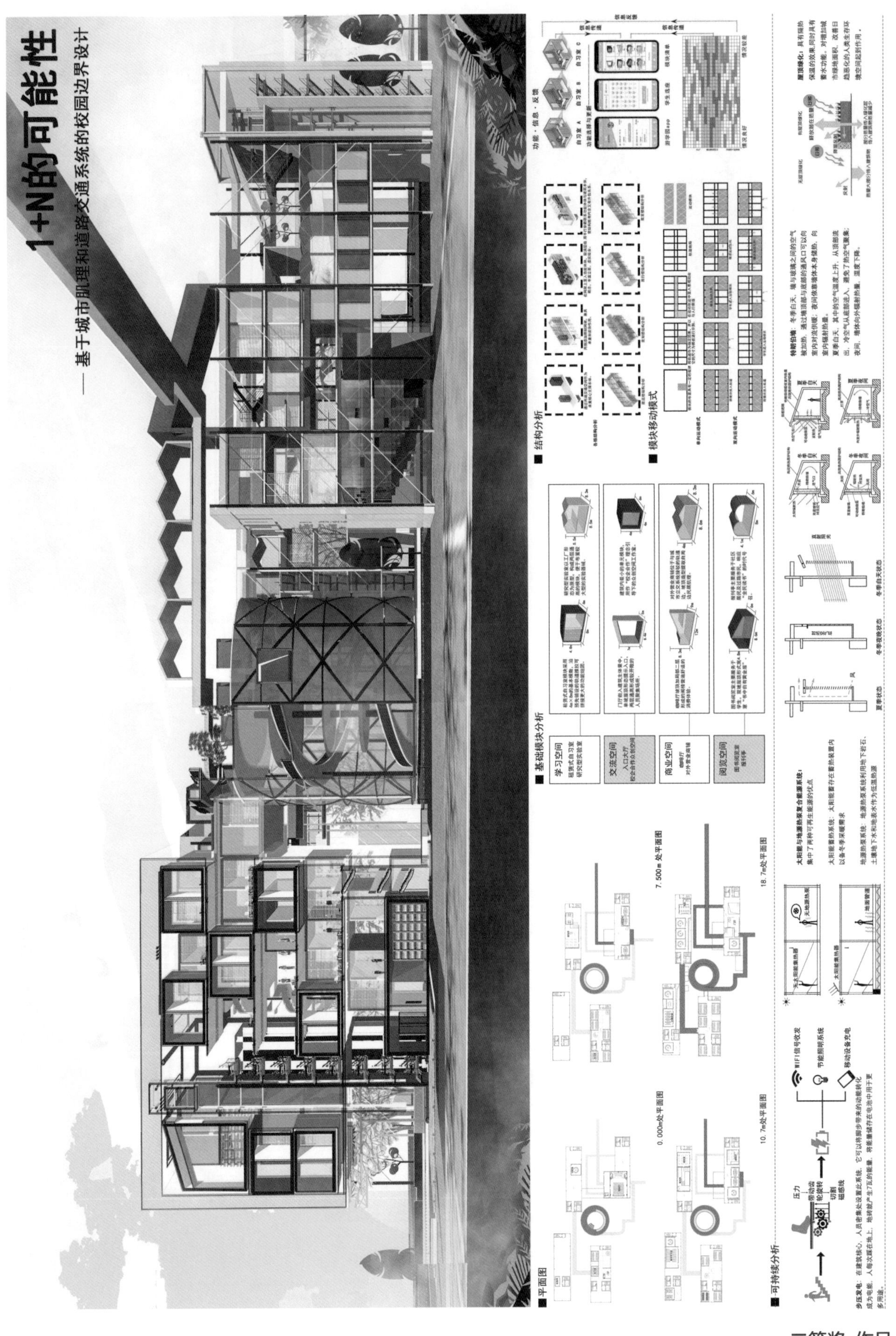
1+N的可能性
—— 基于城市肌理和道路交通系统的校园边界设计
平面图
0.000m处平面图
7.500m处平面图
10.7m处平面图
18.7m处平面图
基础模块分析
学习空间
交流空间
商业空间
阅览空间
结构分析
模块移动模式
可持续分析

二等奖 作品

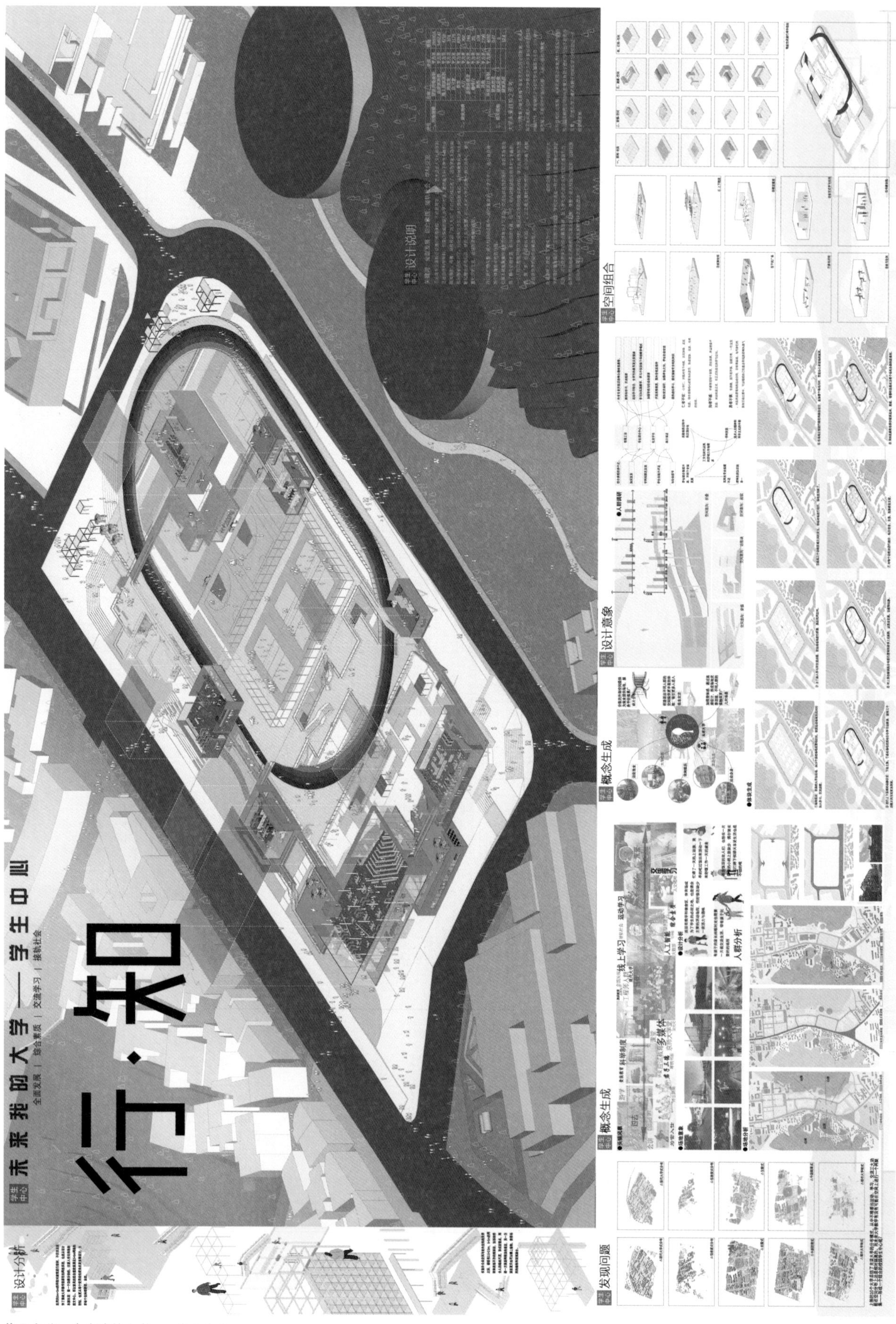

作品名称：未来我的大学——学生中心

作者：杨祖沣、刘源、韩笑　　指导老师：张蔚、许昊皓　　学校：湖南大学

二等奖 作品

作品名称：自城

作者：宋毅、付杰、周鹏帅、陈悦文　　指导老师：廖建平、谢志平　　学校：湖南城市学院

二等奖 作品

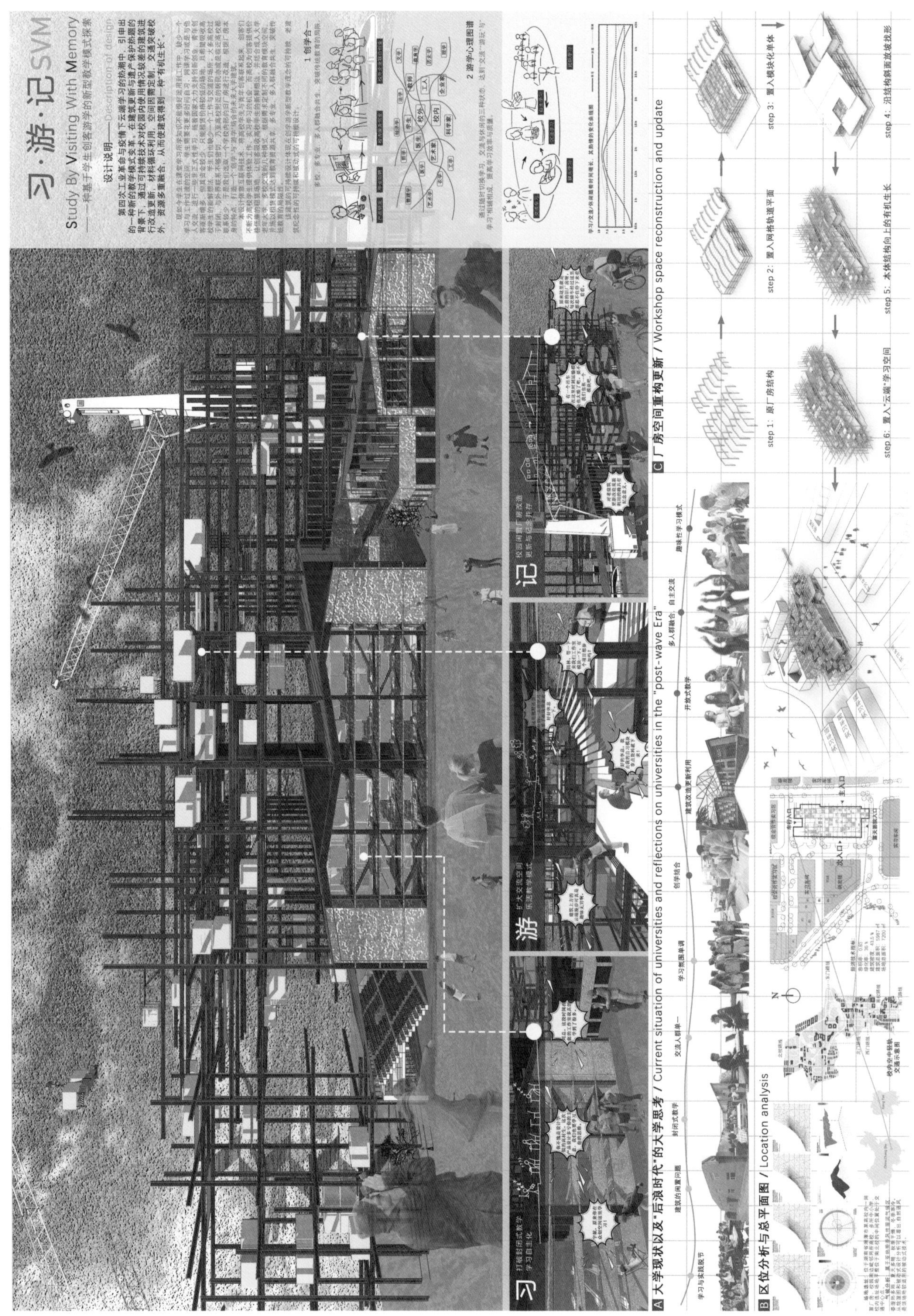

作品名称：习·游·记——一种基于学生创客游学的新型教学模式探索
作者：刘飘扬、韦嘉林、周天娇、曹雪娇　　指导老师：金熙、余翰武　　学校：湖南科技大学

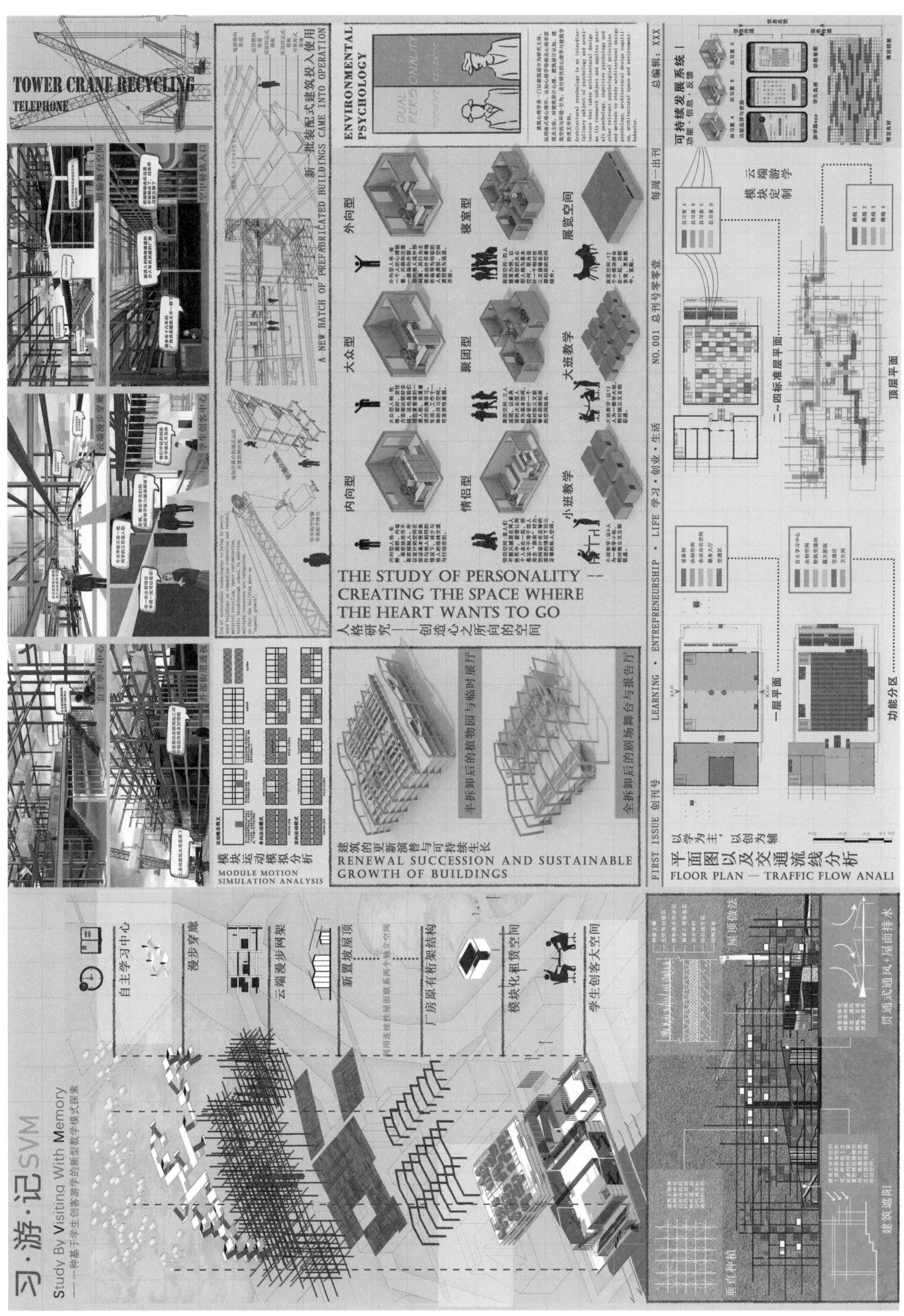
习·游·记SVM
Study By Visiting With Memory
TOWER CRANE RECYCLING
TELEPHONE
ENVIRONMENTAL PSYCHOLOGY
THE STUDY OF PERSONALITY
CREATING THE SPACE WHERE
THE HEART WANTS TO GO
人格研究——创造心之所向的空间
A NEW BATCH OF PREFABRICATED BUILDINGS CAME INTO OPERATION
新一批装配式建筑投入使用
MODULE MOTION SIMULATION ANALYSIS
模块运动模拟分析
RENEWAL SUCCESSION AND SUSTAINABLE GROWTH OF BUILDINGS
建筑的更新演替与可持续生长
FIRST ISSUE 创刊号
LEARNING · ENTREPRENEURSHIP · LIFE 学习·创业·生活
NO.001 总刊号零零壹
每周一出刊
总编辑：XXX
FLOOR PLAN — TRAFFIC FLOW ANALI
平面图以及交通流线分析
一层平面
二~四标准层平面
顶层平面
功能分区
可持续发展系统
云端游学模块定制
外向型
大众型
内向型
寝室型
聚团型
情侣型
展览空间
大班教学
小班教学
自主学习中心
漫步穿廊
云端漫步网架
新置坡屋顶
厂房原有桁架结构
模块化租赁空间
学生创客大空间
垂直种植
屋顶做法
贯通式通风+屋面排水
建筑遮阳

二等奖 作品

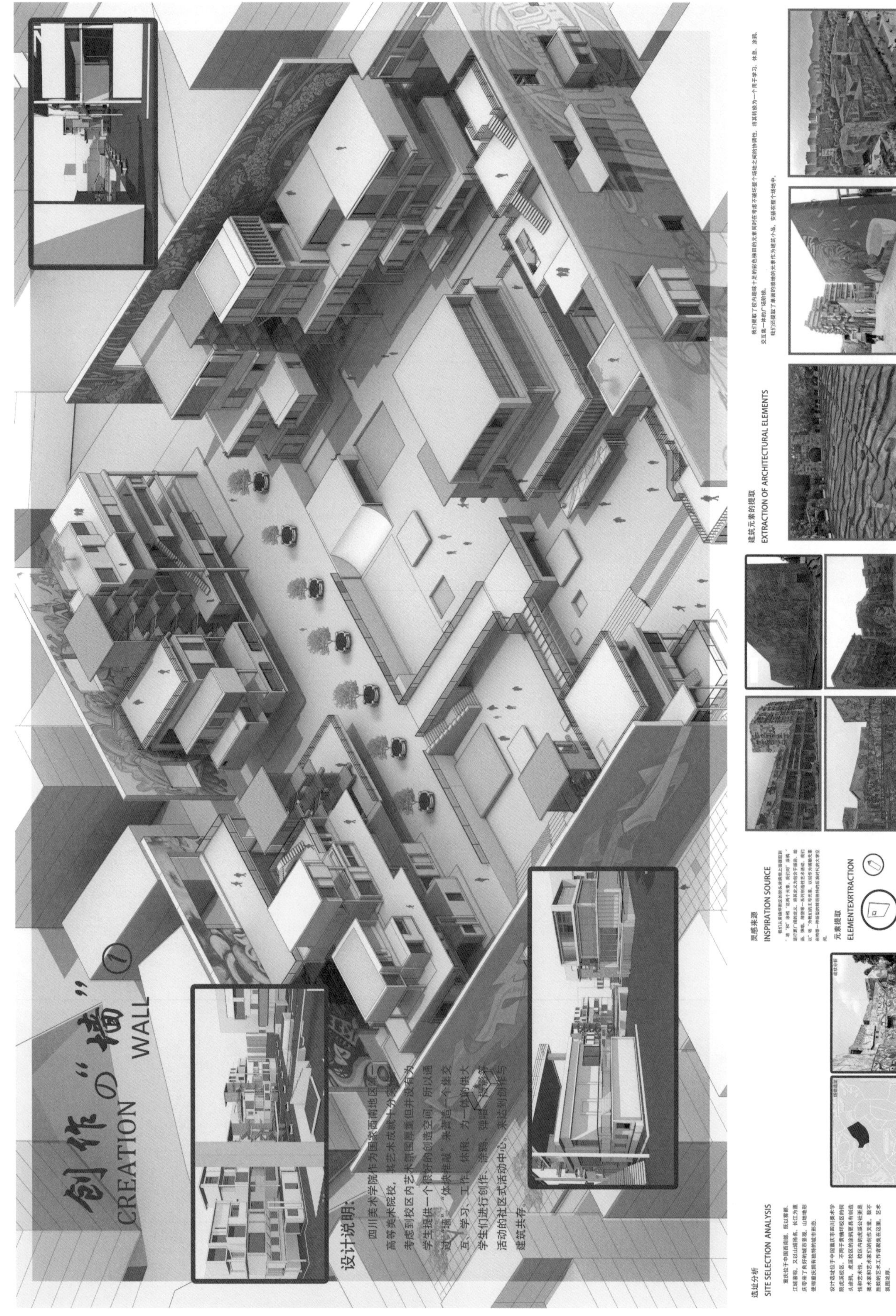

作品名称：创作の“墙”
作者：朱坤、江笑东　　指导老师：朱丹迪、龚燕贵　　学校：吉首大学

体块推敲

我们以"森林"为主要的建筑生长模式，每个单元组团都类比于森林中的树，我们假想每个学生都是"森林"中的德鲁伊，在这座类似森林的建筑中纵横交织产生一种新型交互模式。我们以竖向交通组织结构为"树干"，以横向交通组织为"树枝"串联起各个房间。我们提取重庆建筑空间交错的城市肌理让房间体块悬挑、挖空、延伸来提高整个空间的层次感。最后，为了增强森林的凝聚感引入"墙"的元素。

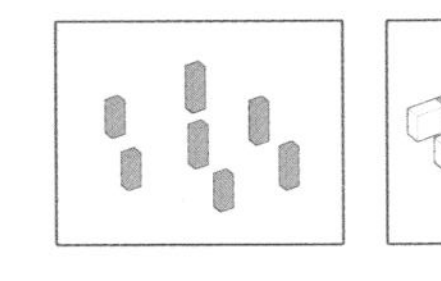
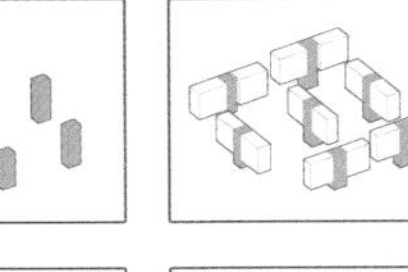
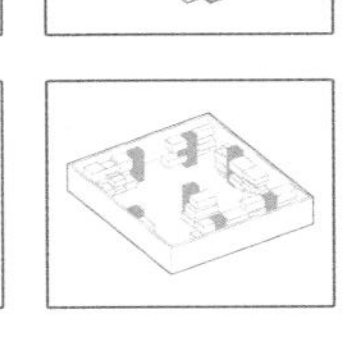
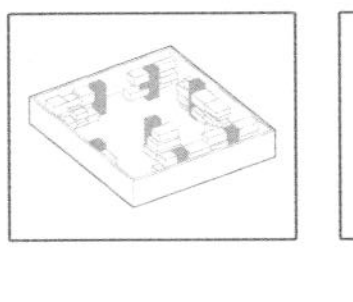
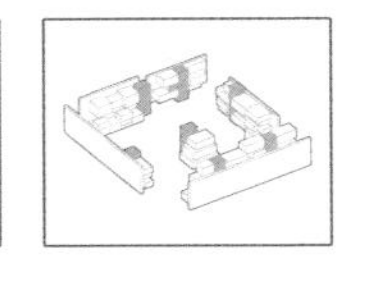
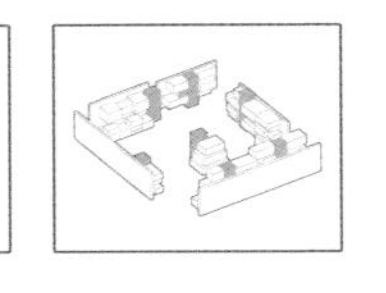
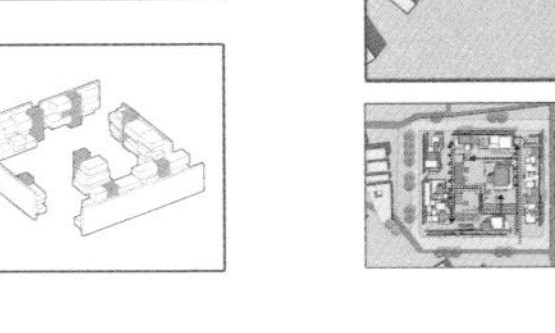

总平面图

我们让建筑附在"墙"上来增强建筑与"墙"的嵌合感，同时，"墙"的围合又让建筑与场地之间达到一种微妙的平衡感。

立面分析

剖面分析

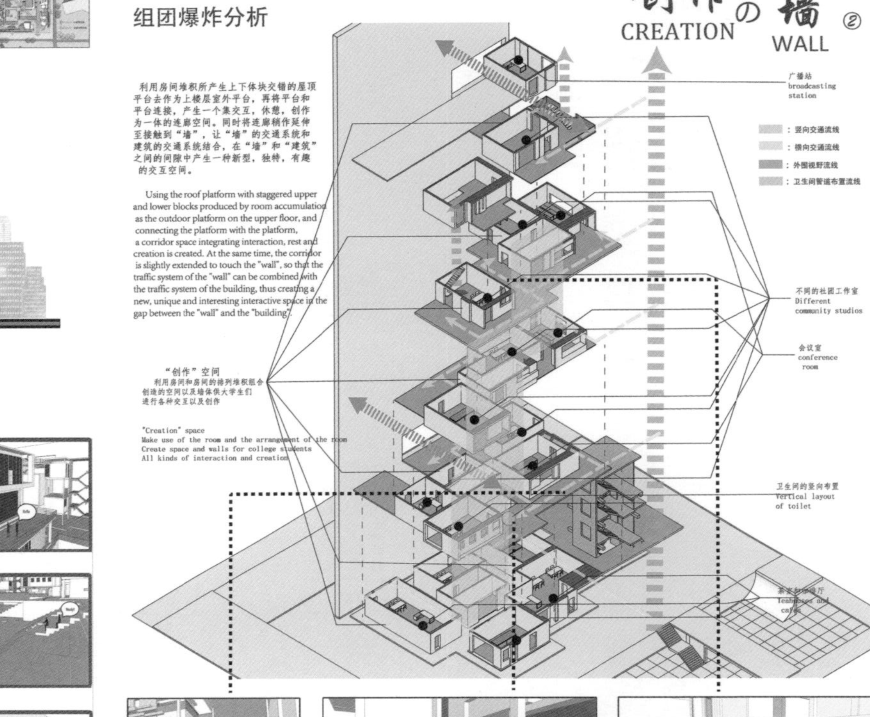

组团爆炸分析

利用房间堆积所产生上下体块交错的屋顶平台去作为上楼层室外平台，再将平台和平台连接，产生一个集交互、休憩、创作为一体的连廊空间。同时将连廊稍作延伸至接触到"墙"，让"墙"的交通系统和建筑的交通系统结合，在"墙"和"建筑"之间的间隙中产生一种新型、独特、有趣的交互空间。

Using the roof platform with staggered upper and lower blocks produced by room accumulation as the outdoor platform on the upper floor, and connecting the platform with the platform, a corridor space integrating interaction, rest and creation is created. At the same time, the corridor is slightly extended to touch the "wall", so that the traffic system of the "wall" can be combined with the traffic system of the building, thus creating a new, unique and interesting interactive space in the gap between the "wall" and the "building".

"创作"空间
利用房间和房间的排列堆积组合创造的空间以及墙体供大学生们进行各种交互以及创作

"Creation" space
Make use of the room and the arrangement of the room
Create space and walls for college students
All kinds of interaction and creation

创作空间

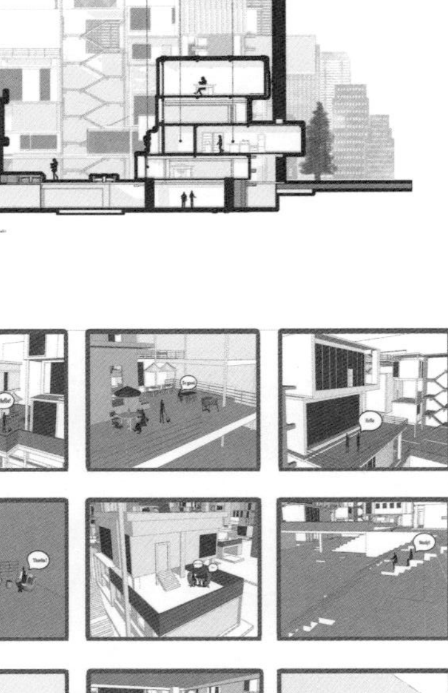

交互空间

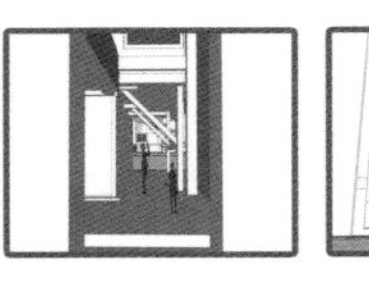

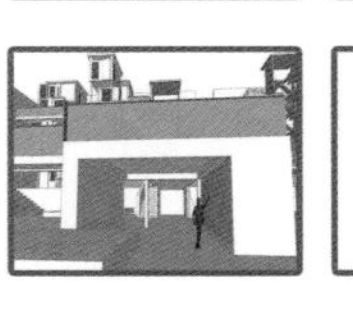

交互空间

交互空间

交互空间

二等奖 作品

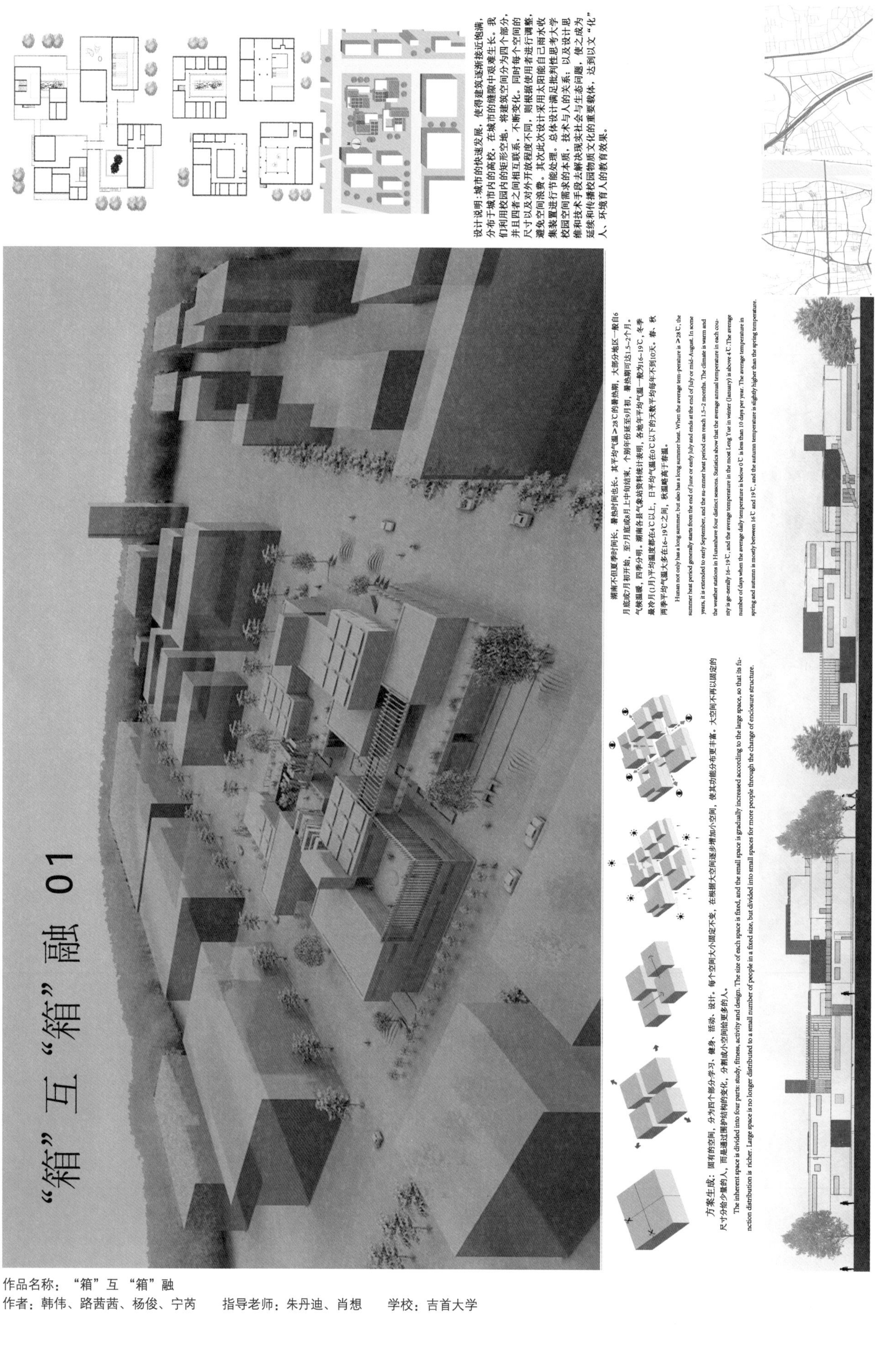

“箱”互“箱”融 01

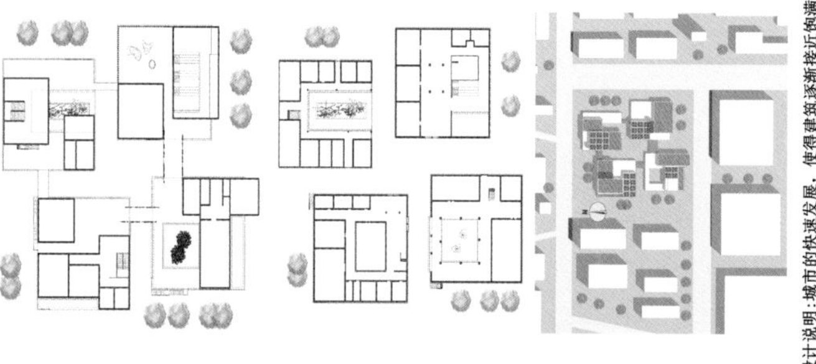

设计说明：城市的快速发展，使得建筑逐渐接近饱满，分布于城市内的高校，在城市的缝隙中艰难生长。我们利用校园内的矩形空地，将建筑空间分为四个部分，并且四者之间相互联系，不断变化。同时每个空间的尺寸以及对外开放程度不同，则根据使用者进行调整，避免空间浪费。其次此次设计采用太阳能自己雨水收集装置进行节能处理。总体设计满足批判性思考大学校园空间需求的本质，技术与人的关系；以及设计思维和技术手段去解决现实社会与生态问题，使之成为延续和传播校园物质文化的重要载体，达到以文“化”人、环境育人的教育效果。

湖南不但夏季时间长，暑热时间也长。其平均气温≥28℃的暑热期，大部分地区一般自6月底或7月初开始，至7月底或8月上中旬结束，个别年份延至9月初，暑热期可达1.5~2个月。气候温暖，四季分明。湖南各县气象站资料统计表明，各地年平均气温一般为16~19℃，冬季最冷月(1月)平均温度都在4℃以上，日平均气温在0℃以下的天数平均每年不到10天。春、秋两季平均气温大多在16~19℃之间，秋温略高于春温。

Hunan not only has a long summer, but also has a long summer heat. When the average tem-perature is ≥28℃, the summer heat period generally starts from the end of June or early July and ends at the end of July or mid-August. In some years, it is extended to early September, and the su-mmer heat period can reach 1.5~2 months. The climate is warm and the weather stations in Hunanhave four distinct seasons. Statistics show that the average annual temperature in each cou-nty is ge-nerally 16~19℃, and the average temperature in the most Leng Yue in winter (January) is above 4℃.The average number of days when the average daily temperature is below 0℃ is less than 10 days per year. The average temperature in spring and autumn is mostly between 16℃ and 19℃, and the autumn temperature is slightly higher than the spring temperature.

方案生成： 固有的空间，分为四个部分:学习、健身、活动、设计。每个空间大小固定不变，在根据大空间逐步增加小空间，使其功能分布更丰富。大空间不再以固定的尺寸分给少量的人，而是通过围护结构的变化，分割成小空间给更多的人。

The inherent space is divided into four parts: study, fitness, activity and design. The size of each space is fixed, and the small space is gradually increased according to the large space, so that its fu-nction distribution is richer. Large space is no longer distributed to a small number of people in a fixed size, but divided into small spaces for more people through the change of enclosure structure.

作品名称：“箱”互“箱”融

作者：韩伟、路茜茜、杨俊、宁芮　　指导老师：朱丹迪、肖想　　学校：吉首大学

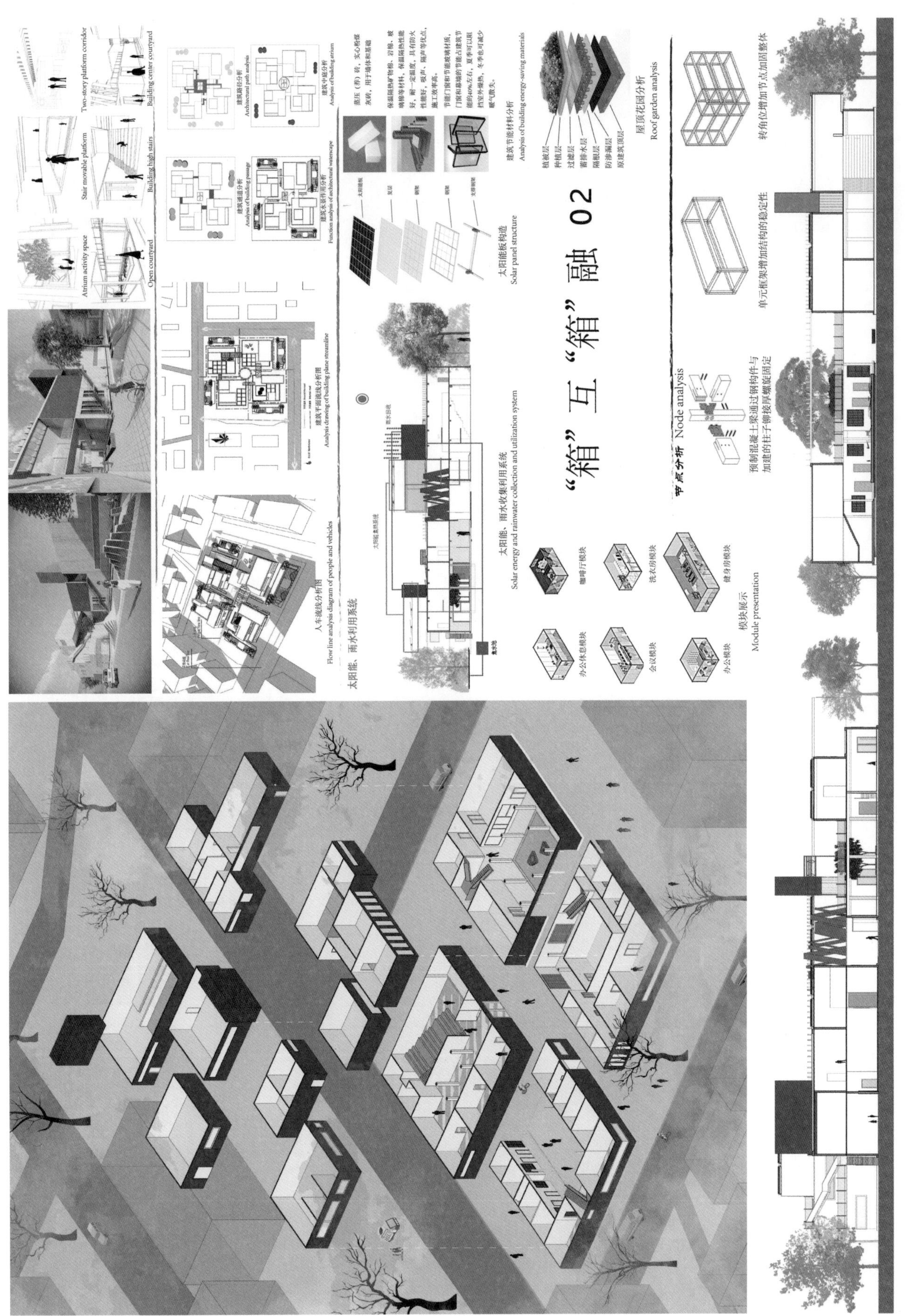
“箱”互“箱”融 02
Atrium activity space
Open courtyard
Stair movable platform
Building high stairs
Two-story platform corridor
Building center courtyard
人车流线分析图
Flow line analysis diagram of people and vehicles
太阳能、雨水利用系统
Solar energy and rainwater collection and utilization system
太阳能板构造
Solar panel structure
建筑节能材料分析
Analysis of building energy-saving materials
屋顶花园分析
Roof garden analysis
节点分析 Node analysis
模块展示
Module presentation
单元框架增加结构的稳定性
转角位增加节点加固整体

二等奖 作品

主要技术经济指标表

项目		单位	数量
规划用地用地面积		㎡	5763
总建筑面积		㎡	3156
其中	一层	㎡	1308.29
	二层	㎡	891.11
	三层	㎡	956.6
新增建筑面积		㎡	544.17
建筑占地面积		㎡	1706.44
绿地面积		㎡	1950.04
绿化率		%	0.34

作品名称：光介入·动空间——校园文化空间再造

作者：廖文霆、刘晓、罗宇浩、刘秋凤　　指导老师：张剑、王顶　　学校：湖南科技大学

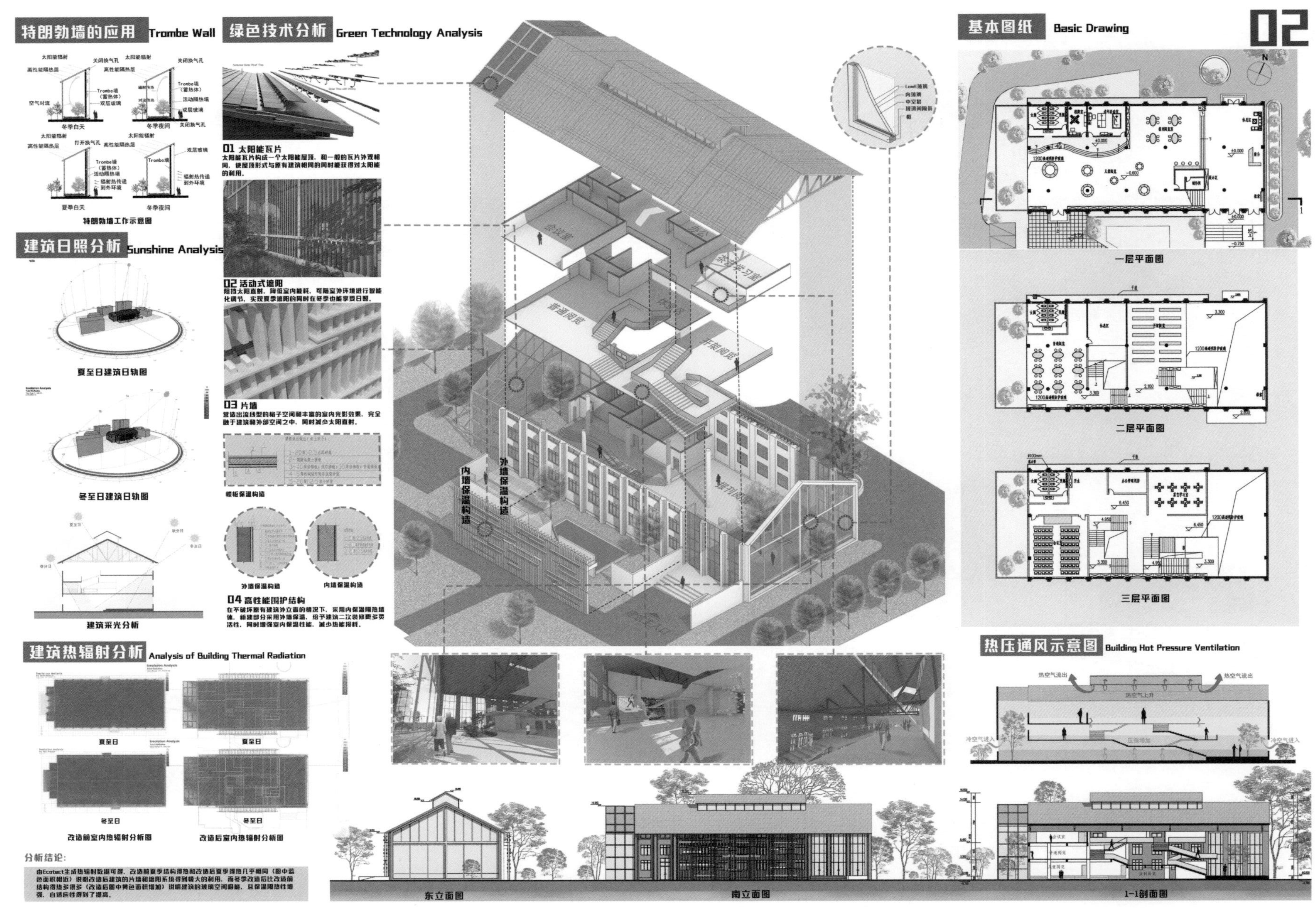
特朗勃墙的应用 Trombe Wall
冬季白天
冬季夜间
夏季白天
冬季夜间
特朗勃墙工作示意图
绿色技术分析 Green Technology Analysis
01 太阳能瓦片
太阳能瓦片构成一个太阳能屋顶，和一般的瓦片外观相同，使屋顶形式与原有建筑相同的同时能获得对太阳能的利用。
02 活动式遮阳
阻挡太阳直射，降低室内能耗，可随室外环境进行智能化调节，实现夏季遮阳的同时在冬季也能享受日照。
03 片墙
营造出流线型的格子空间和丰富的室内光影效果，完全融于建筑和外部空间之中，同时减少太阳直射。
楼板保温构造
外墙保温构造
内墙保温构造
04 高性能围护结构
在不破坏原有建筑外立面的情况下，采用内保温隔热墙体，新建部分采用外墙保温，给予建筑二次装修更多灵活性，同时增强室内保温性能，减少热能损耗。
建筑日照分析 Sunshine Analysis
夏至日建筑日轨图
冬至日建筑日轨图
建筑采光分析
内墙保温构造
外墙保温构造
建筑热辐射分析 Analysis of Building Thermal Radiation
夏至日
夏至日
冬至日
冬至日
改造前室内热辐射分析图
改造后室内热辐射分析图
分析结论：
由Ecotect生成热辐射数据可得，改造前夏季结构得热和改造后夏季得热几乎相同（图中蓝色面积相近）说明改造后建筑的片墙和遮阳系统得到极大的利用，而冬季改造后比改造前结构得热多很多（改造后图中黄色面积增加）说明建筑的玻璃空间吸能，且保温隔热性增强，自适应性得到了提高。
基本图纸 Basic Drawing
02
一层平面图
二层平面图
三层平面图
热压通风示意图 Building Hot Pressure Ventilation
热空气流出
热空气上升
冷空气进入
东立面图
南立面图
1-1剖面图

二等奖 作品

作品名称：林木 · 漫游——"后浪"时代的老旧教学楼改造

作者：刘志敏、田侨、刘灿、王乐　　指导老师：王萌、谢晶　　学校：湖南工程学院

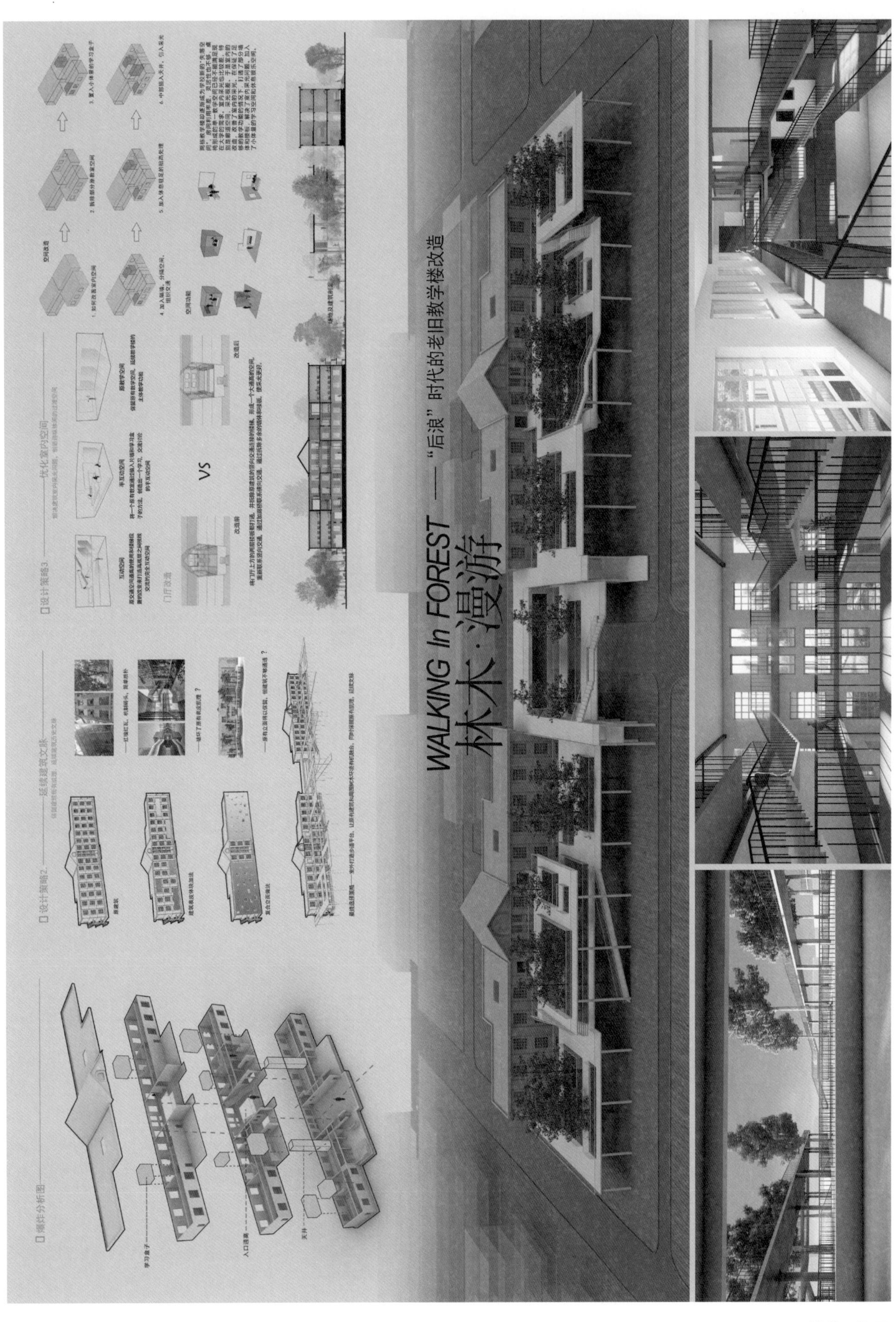

二等奖 作品

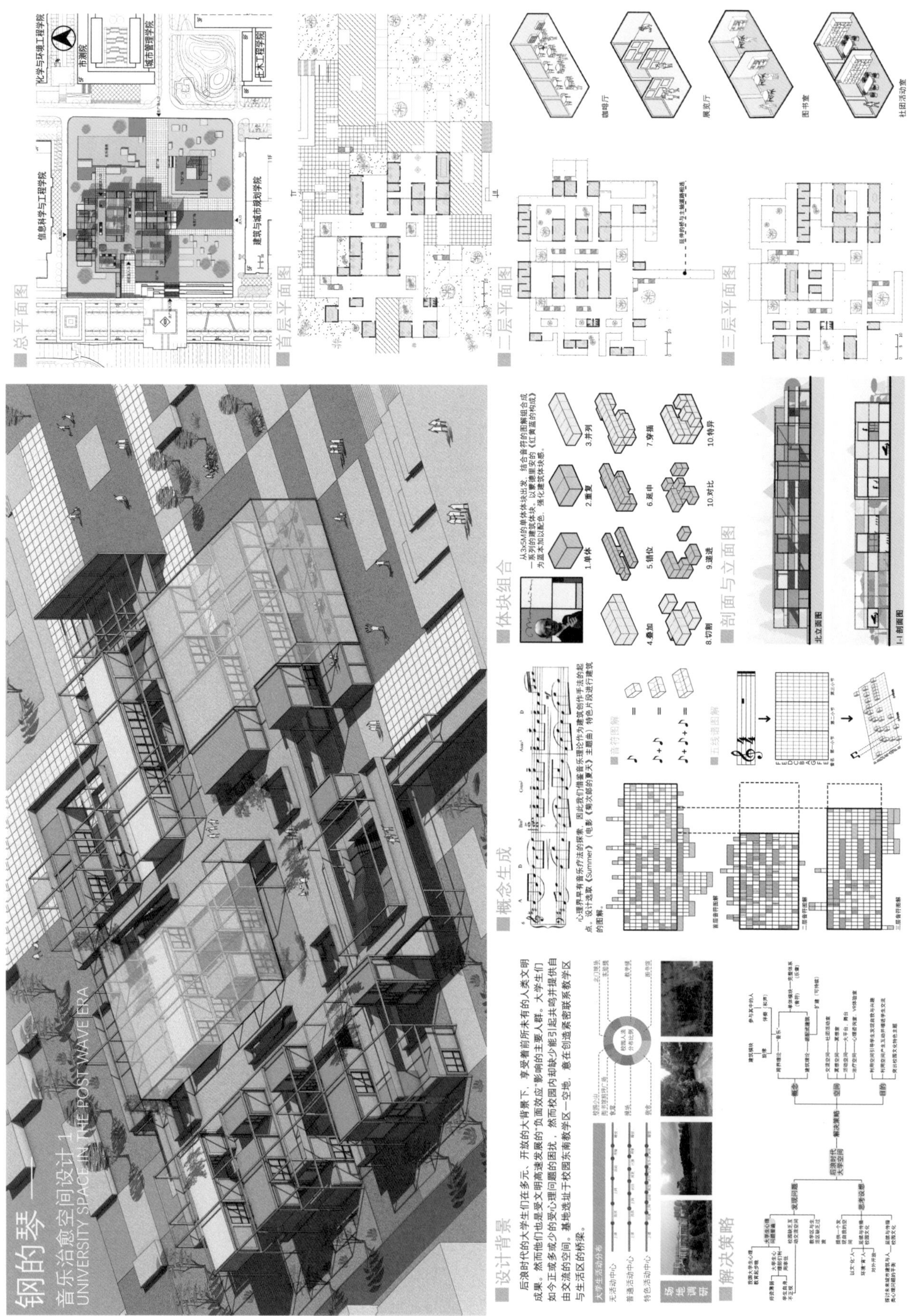

作品名称：钢的琴——音乐治愈空间设计

作者：段德兴、孙海峰、周佳妮　　指导老师：谢志平、廖建平　　学校：湖南城市学院

二等奖 作品

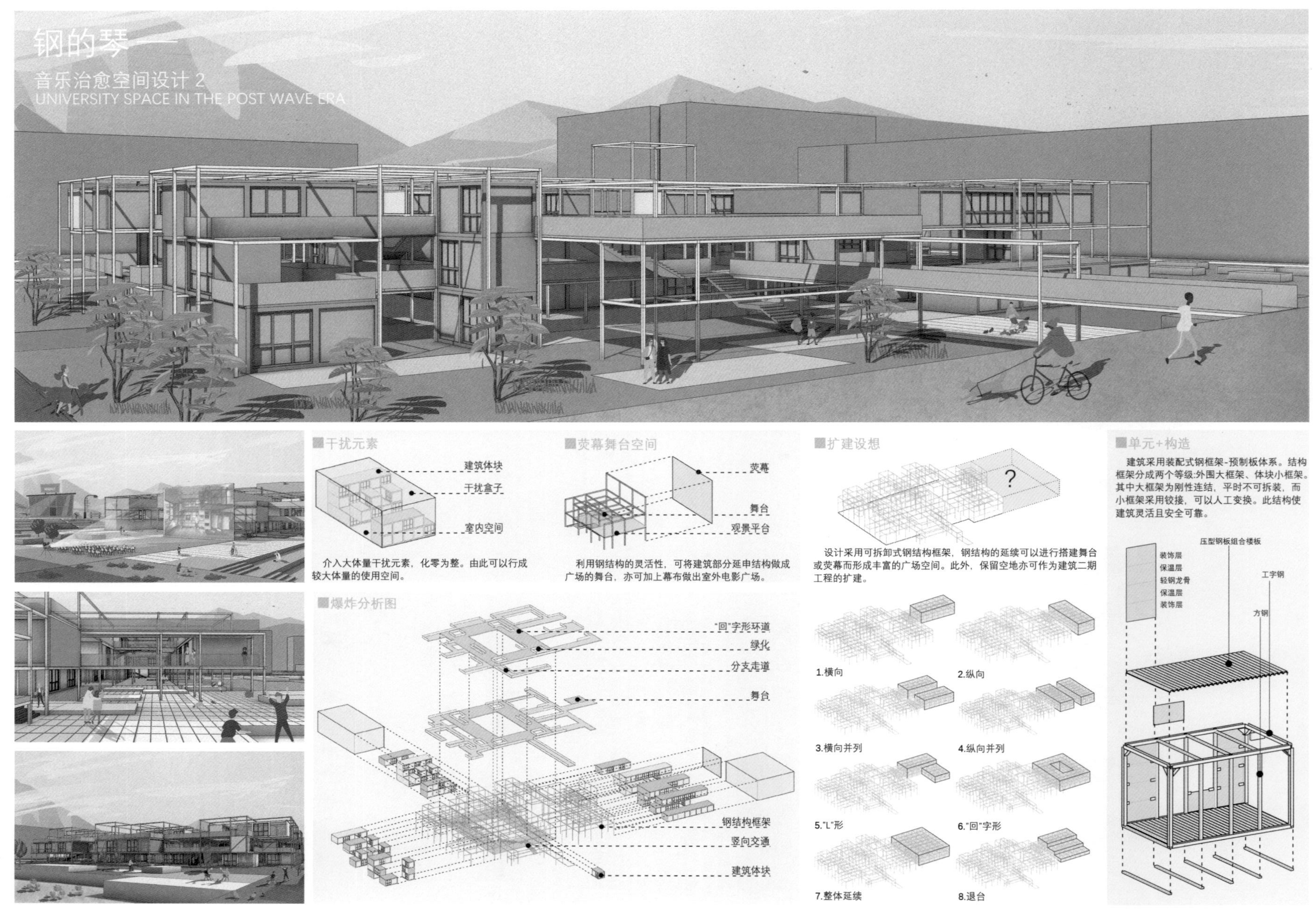
钢的琴——
音乐治愈空间设计 2
UNIVERSITY SPACE IN THE POST WAVE ERA
干扰元素
建筑体块
干扰盒子
室内空间
介入大体量干扰元素，化零为整。由此可以行成较大体量的使用空间。
荧幕舞台空间
荧幕
舞台
观景平台
利用钢结构的灵活性，可将建筑部分延申结构做成广场的舞台，亦可加上幕布做出室外电影广场。
扩建设想
?
设计采用可拆卸式钢结构框架，钢结构的延续可以进行搭建舞台或荧幕而形成丰富的广场空间。此外，保留空地亦可作为建筑二期工程的扩建。
1.横向
2.纵向
3.横向并列
4.纵向并列
5."L"形
6."回"字形
7.整体延续
8.退台
单元+构造
建筑采用装配式钢框架-预制板体系。结构框架分成两个等级:外围大框架、体块小框架。其中大框架为刚性连结，平时不可拆装，而小框架采用铰接，可以人工变换。此结构使建筑灵活且安全可靠。
压型钢板组合楼板
装饰层
保温层
轻钢龙骨
保温层
装饰层
工字钢
方钢
爆炸分析图
"回"字形环道
绿化
分支走道
舞台
钢结构框架
竖向交通
建筑体块

透视图

基地概况

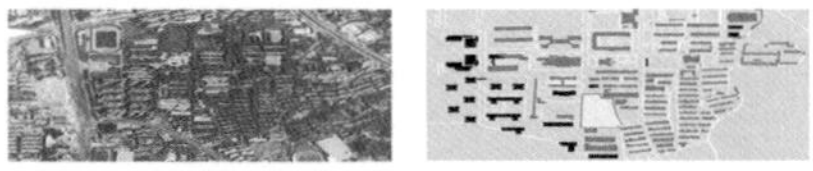

项目位于湖南省长沙市某高校校园内部。基地位置位于校园内攀登路西侧一片荒废的空地上，基址西侧为坡度较缓的平地，东侧为较陡的坡地。

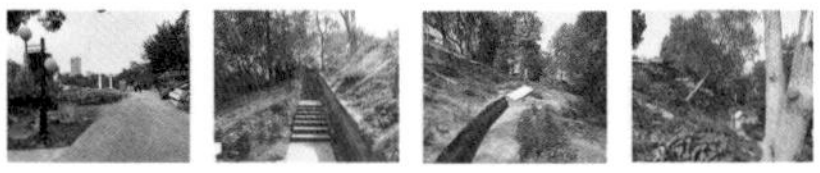

设计说明

Crossing是校园里的十字路口，在相互穿插的几个简单体量中，同学们的行动轨迹也交汇于此。建筑体量由不同的校园活动模式设想的前提下生成，运动、读书、讨论、休闲的不通人群交汇于此，又各自分开。项目旨在提供室内滑板场地，并创造校园内新的社交场所，激发校园隐藏的活力。

功能确定

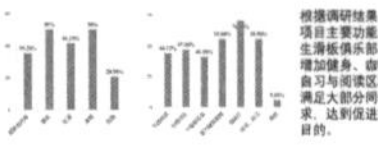

根据调研结果，确定项目主要功能为大学生滑板俱乐部，此外增加健身、咖啡厅、自习与阅读区域，以满足大部分同学的需求，达到促进交流的目的。

形体生成过程

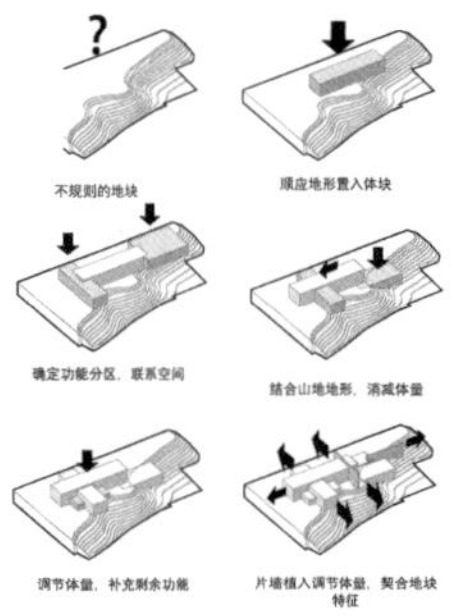

不规则的地块
顺应地形置入体块
确定功能分区，联系空间
结合山地地形，消减体量
调节体量，补充剩余功能
片墙植入调节体量，聚合地块特征

空间模式剖析

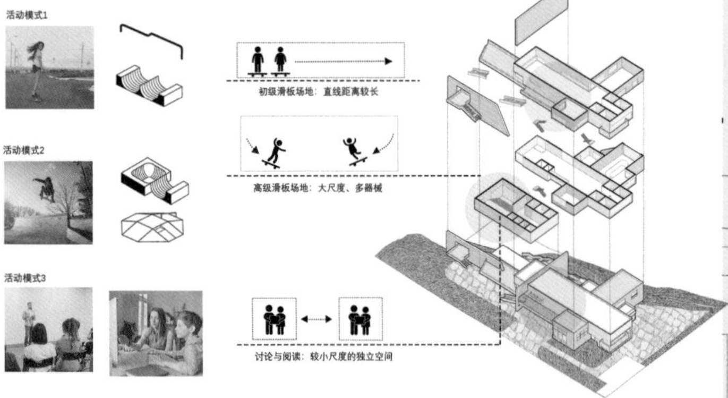

活动模式1

初级滑板场地：直线距离较长

活动模式2

高级滑板场地：大尺度、多器械

活动模式3

讨论与阅读：较小尺度的独立空间

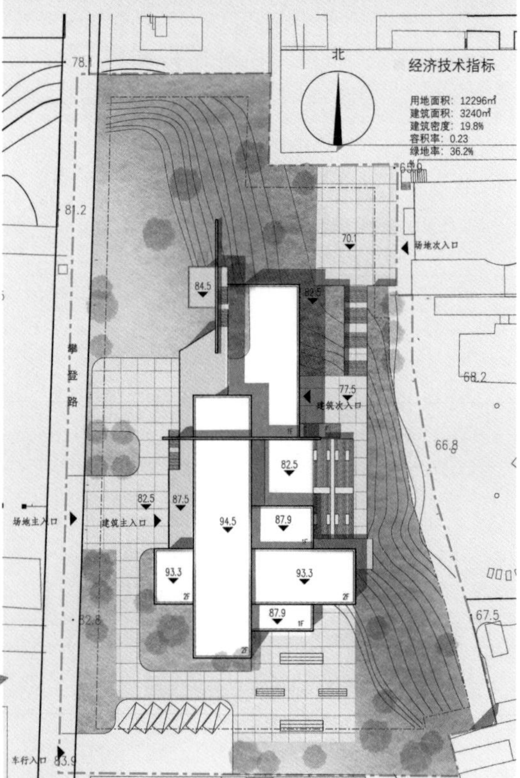

经济技术指标

用地面积：12296㎡
建筑面积：3240㎡
建筑密度：19.8%
容积率：0.23
绿地率：36.2%

北

78.1
81.2
攀登路
场地主入口
建筑主入口
场地次入口
建筑次入口
车行入口
70.1
84.5
82.5
77.5
82.5
87.5
94.5
87.9
93.3
93.3
87.9
68.2
66.8
67.5
82.8
83.9

项目基地气候分析

温度与湿度分析：长沙受亚热带季风性湿润气候影响，冬冷夏热，四季分明，夏季多雨，秋冬季节少雨，雨热同期，总体来说降水充沛。
风向风频分析：长沙属于亚热带季风性湿润气候，夏季主导风向为东南风，冬季主导风向为西北风，风向出现季节性交替。
太阳辐射分析：长沙的太阳辐射夏季较强，冬季较弱，春秋季节一般，可适当使用被动式太阳能技术。

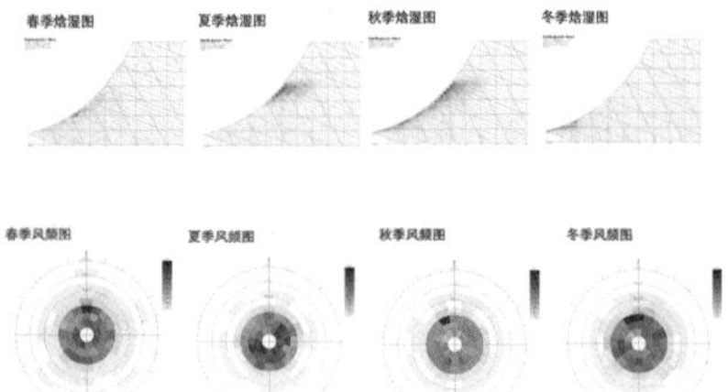

春季焓湿图
夏季焓湿图
秋季焓湿图
冬季焓湿图

春季风频图
夏季风频图
秋季风频图
冬季风频图

绿色技术结合策略

1. 项目综合利用垂直绿化与屋顶绿化，一定程度上提高了校园内的绿化率。增强建筑的保温性能，减少基地夏季与冬季极端气候对建筑使用带来的影响。同时丰富的植被创造了富氧的运动环境，为校园内创造了适宜的运动场所。
2. 太阳能与地源热泵复合系统，集中两种可再生能源的优点，减少冬季室内采暖所消耗的能源。
3. 新风系统的运用，极大程度地改善了室内运动环境。同时针对不同时段不同空间的运动模式进行调节，极大程度地减少能源的损耗。

被动式设计策略

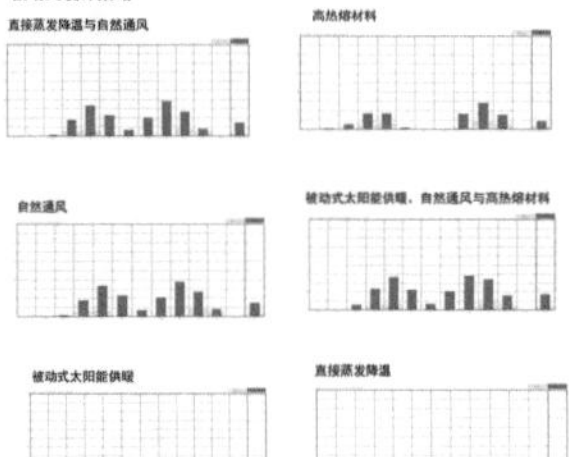

直接蒸发降温与自然通风
高热熔材料
自然通风
被动式太阳能供暖、自然通风与高热熔材料
被动式太阳能供暖
直接蒸发降温

流线分析

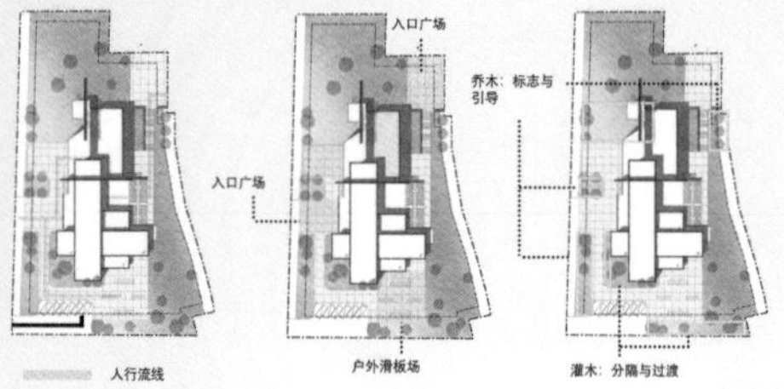

入口广场
入口广场
乔木：标志与引导
人行流线
户外滑板场
灌木：分隔与过渡

作品名称：CROSSING——基于山地的大学生滑板俱乐部设计
作者：张雨萌、李昕、郭钰莹、闫语函　指导老师：宋盈、罗明　学校：中南大学

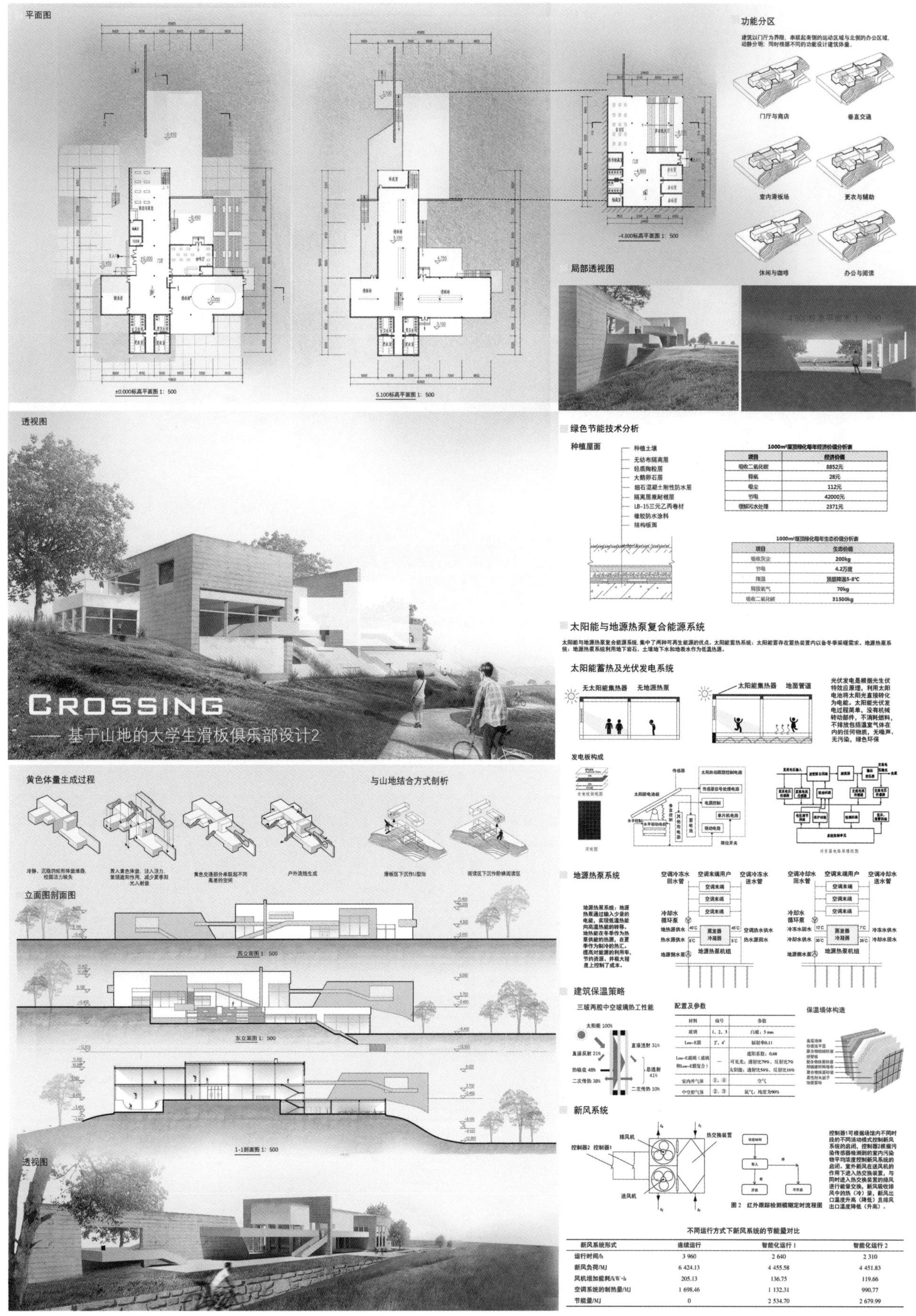

1000m²屋顶绿化每年经济价值分析表

项目	经济价值
吸收二氧化碳	8852元
释氧	28元
吸尘	112元
节电	42000元
缓解污水处理	2371元

1000m²屋顶绿化每年生态价值分析表

项目	生态价值
吸收灰尘	200kg
节电	4.2万度
降温	顶层降温5-8℃
释放氧气	70kg
吸收二氧化碳	31500kg

配置及参数

材料	编号	参数
玻璃	1、2、3	白玻：5 mm
Low-E膜	2′、4′	辐射率0.11
Low-E玻璃（玻璃和Low-E膜复合）	—	遮阳系数：0.68 可见光：透射比79%、反射比7% 太阳能：透射比54%、反射比16%
室内外气体	①、④	空气
中空腔气体	②、③	氩气：纯度为90%

不同运行方式下新风系统的节能量对比

新风系统形式	连续运行	智能化运行 1	智能化运行 2
运行时间/h	3 960	2 640	2 310
新风负荷/MJ	6 424.13	4 455.58	4 451.83
风机增加能耗/kW·h	205.13	136.75	119.66
空调系统的制热量/MJ	1 698.46	1 132.31	990.77
节能量/MJ	0	2 534.70	2 679.99

二等奖 作品

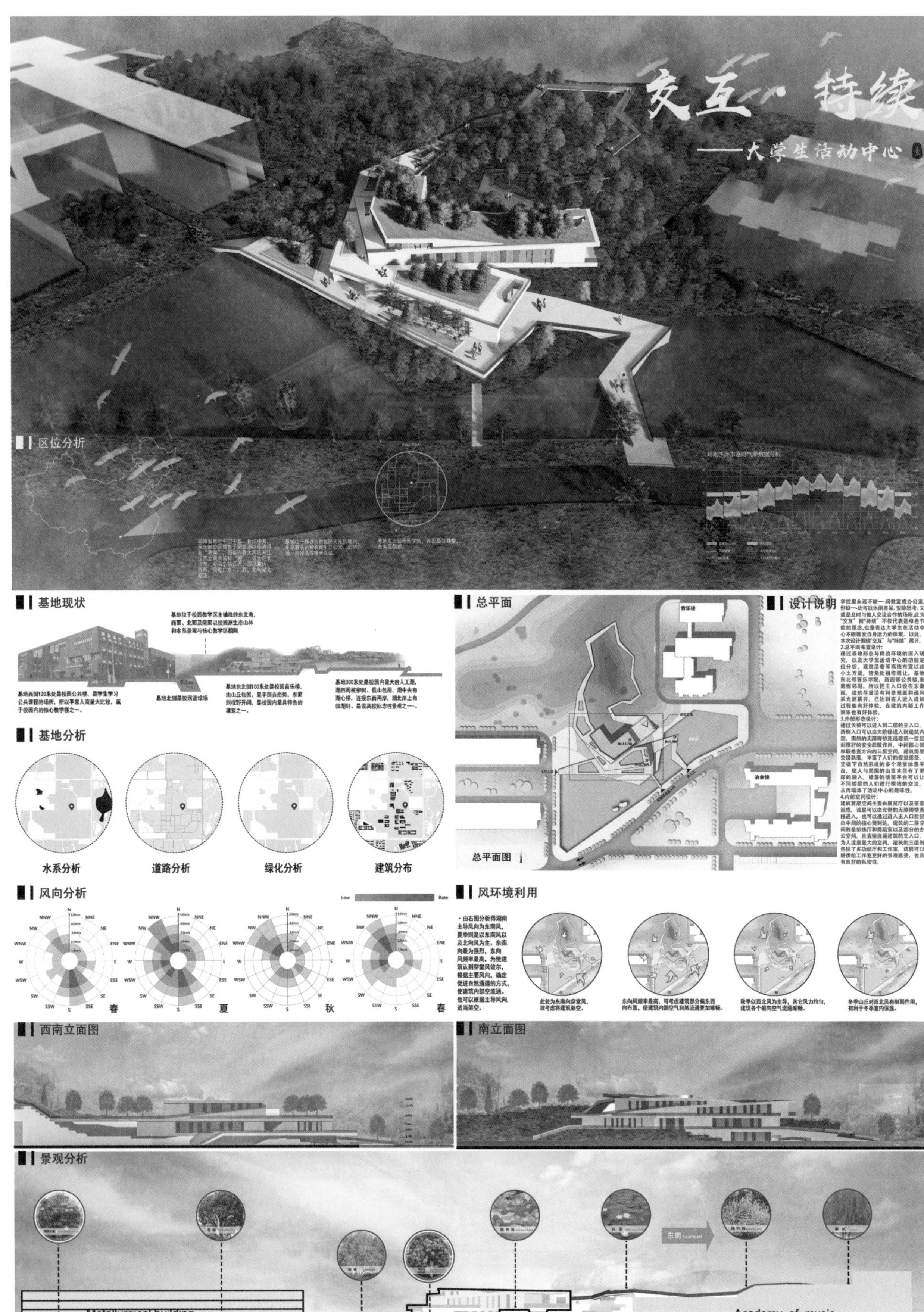

作品名称：交互 · 持续 ——大学生活动中心
作者：邢福旦、刘聪、卜锦辉、成益娟　　指导老师：李昊、张姝　　学校：湖南工业大学

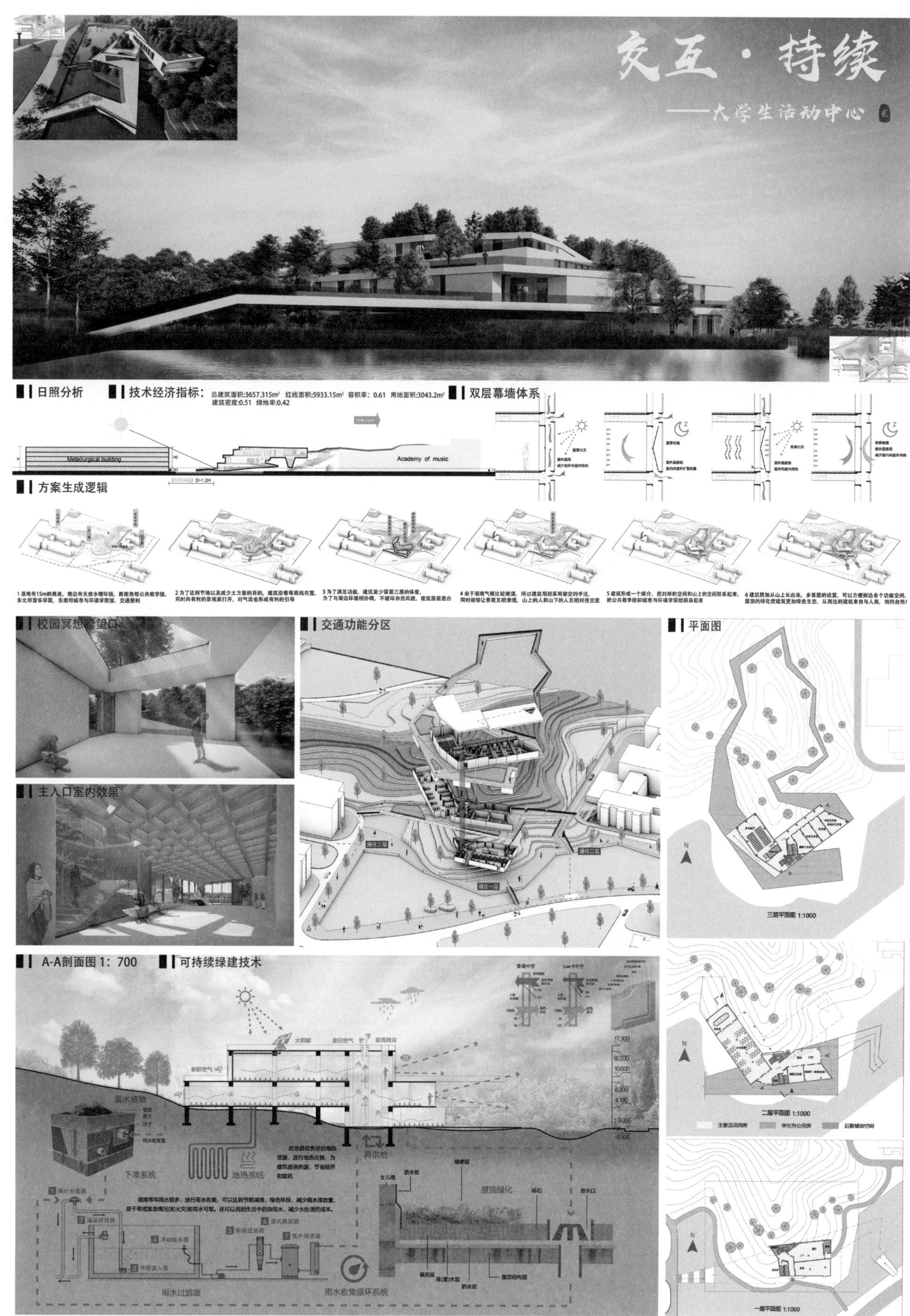
交互·持续
——大学生活动中心
日照分析
技术经济指标：总建筑面积:3657.315m² 红线面积:5933.15m² 容积率：0.61 用地面积:3043.2m²
建筑密度:0.51 绿地率:0.42
双层幕墙体系
Metallurgical building
Academy of music
方案生成逻辑
校园冥想瞭望口
交通功能分区
平面图
主入口室内效果
A-A剖面图 1：700
可持续绿建技术
三层平面图 1:1000
二层平面图 1:1000
一层平面图 1:1000
地热系统
下渗系统
雨水过滤器
雨水收集循环系统
屋顶绿化

二等奖 作品

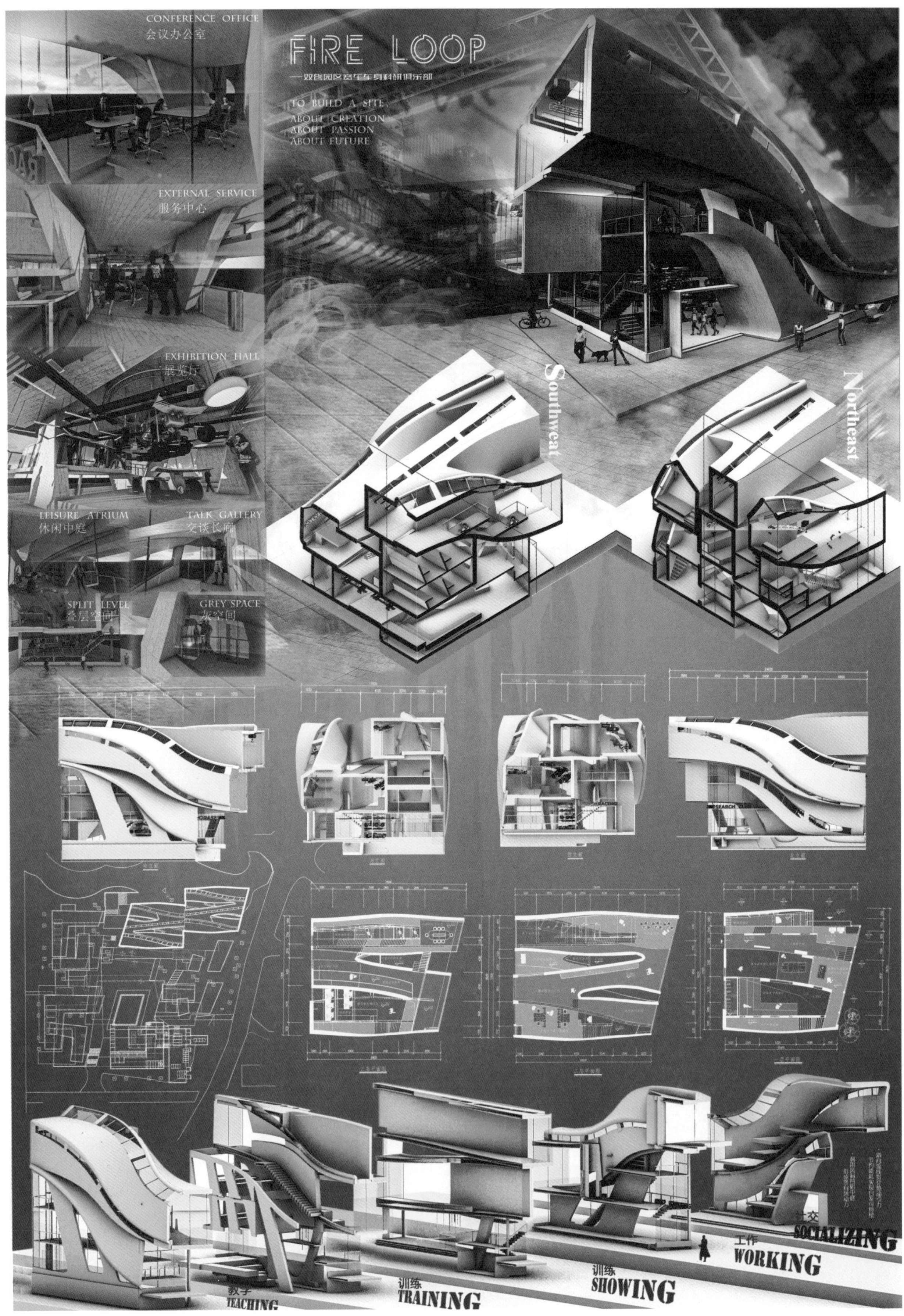

作品名称：FIRE LOOP——双创园区赛车车身科研俱乐部
作者：丁一凡　　指导老师：谢菲、张光　　学校：湖南大学

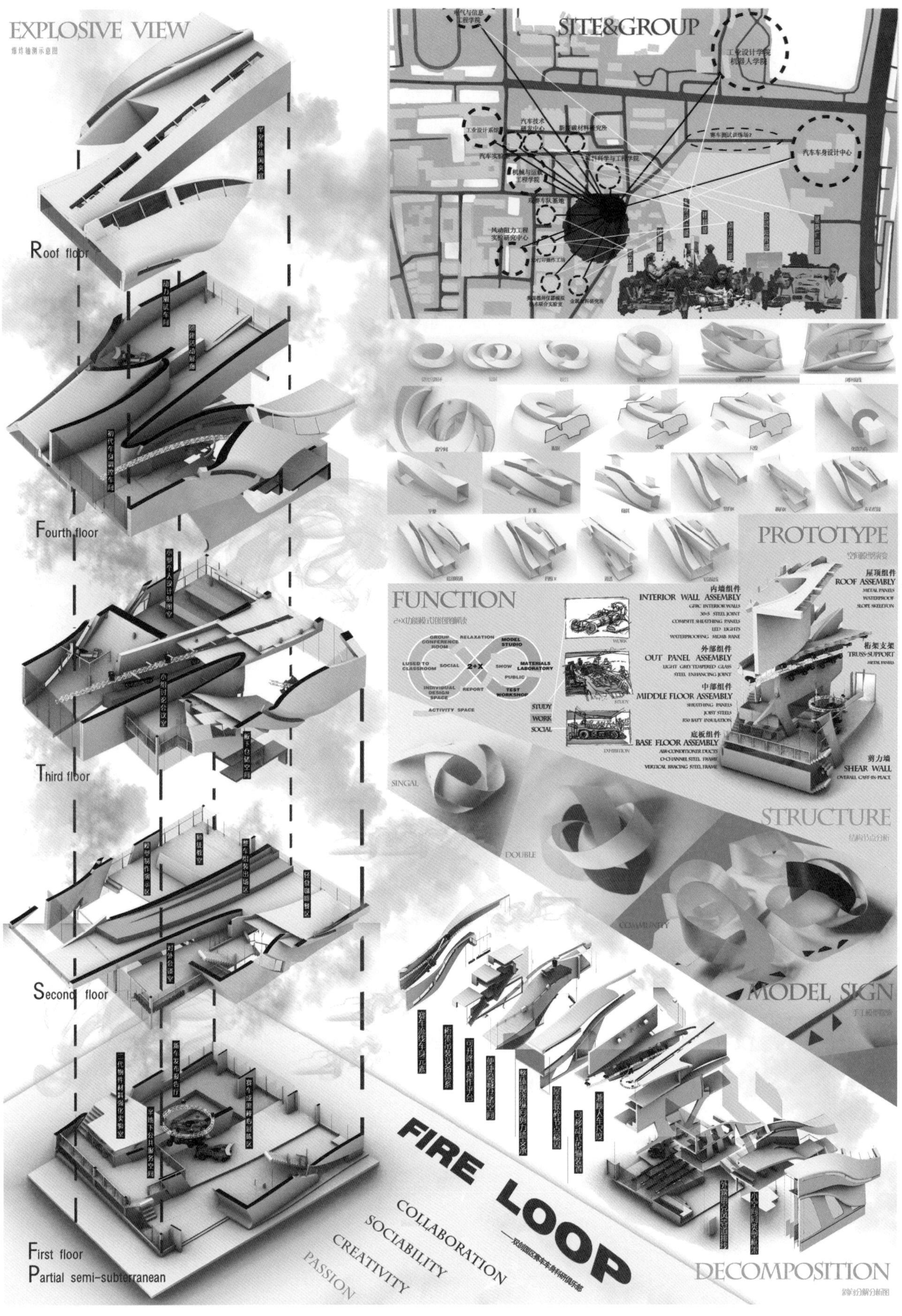
EXPLOSIVE VIEW
SITE&GROUP
Roof floor
Fourth floor
Third floor
Second floor
First floor
Partial semi-subterranean
PROTOTYPE
FUNCTION
INTERIOR WALL ASSEMBLY
OUT PANEL ASSEMBLY
MIDDLE FLOOR ASSEMBLY
BASE FLOOR ASSEMBLY
ROOF ASSEMBLY
TRUSS-SUPPORT
SHEAR WALL
STUDY
WORK
SOCIAL
SINGAL
DOUBLE
COMMUNITY
STRUCTURE
MODEL SIGN
FIRE LOOP
COLLABORATION
SOCIABILITY
CREATIVITY
PASSION
DECOMPOSITION

二等奖 作品

作品名称：环 & 系——非正式自定义创客基地及学习中心改造设计

作者：陈思奇、肖玉凤 、高梦贤　　指导老师：张蔚　　学校：湖南大学

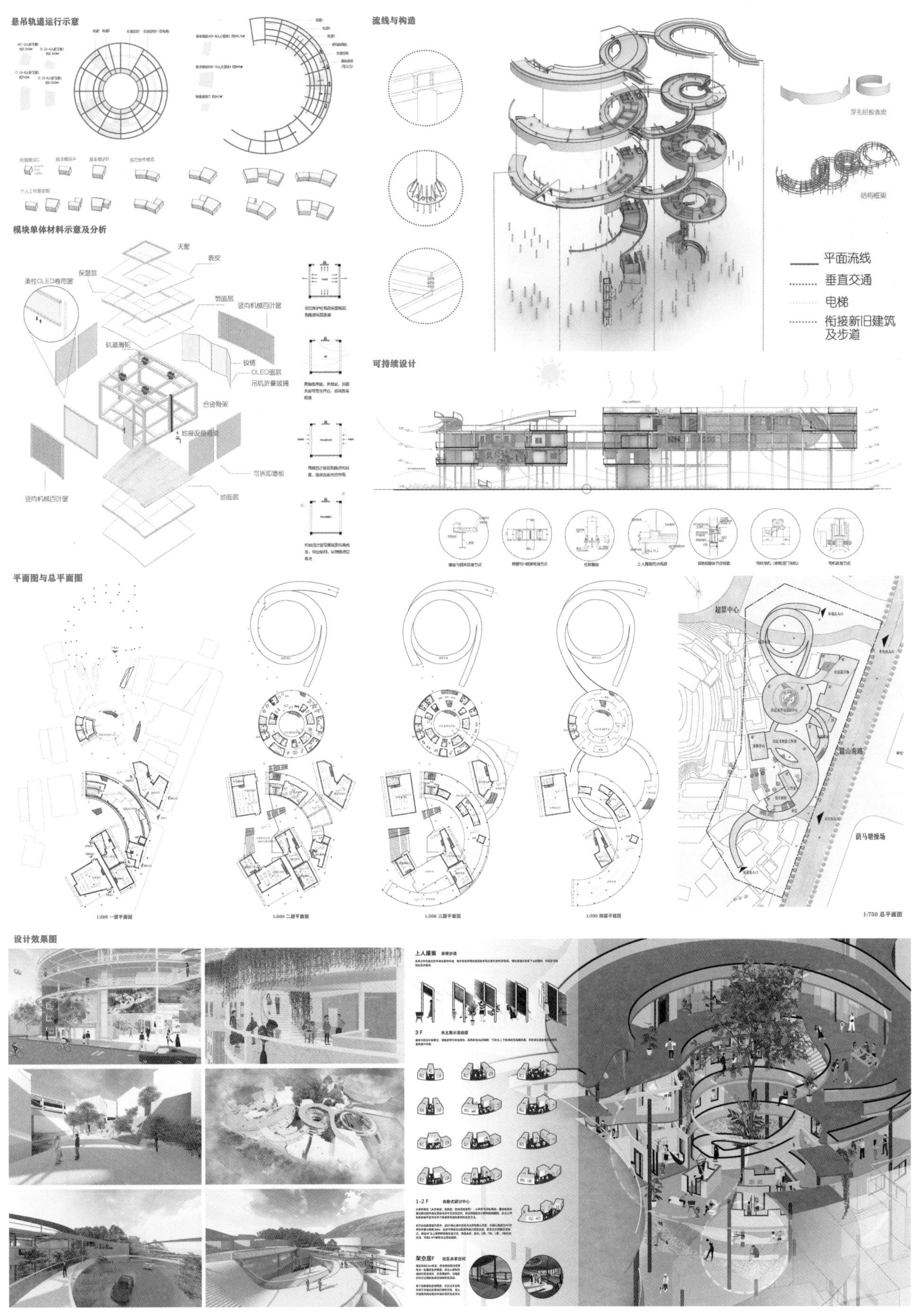
悬吊轨道运行示意
模块单体材料示意及分析
天窗
表皮
保温层
柔性OLED卷帘屏
饰面层
竖向机械百叶窗
轨道滑轮
铰链
OLED面层
吊轨折叠玻璃
合金骨架
衔接设备通道
可拆卸墙板
竖向机械百叶窗
地能层
流线与构造
穿孔铝板表皮
结构框架
平面流线
垂直交通
电梯
衔接新旧建筑及步道
可持续设计
平面图与总平面图
1:500 一层平面图
1:500 二层平面图
1:500 三层平面图
1:500 四层平面图
1:750 总平面图
设计效果图
上人屋面
3F
1-2F
架空层F

二等奖 作品

“风至”

——学校图文信息中心设计

设计说明
DESCRIPTION OF DESIGN

方案场地位于长沙市区的某大学 XX 校区内，由于传统模式下的图书馆建筑在设计时都偏于开架展览，忽略了阅读人群的舒适体验，对建筑的节能方面也关注甚少。随着当今社会对图书馆的需求逐渐多样化，绿色节能的设计理念被提上日程，且隐隐有更新未来发展的趋势。

本次方案以“风至，留下风的形状”为核心理念，遵循有机建筑的设计原则，外观设计为流体状，象征着风的流动。方案主要从建筑形式与空间的被动式节能设计、主动式节能设计展开，图书馆的节能设计遵循被动节能措施优先的原则，内部采用有利于穿堂风的布局，达到了良好的通风调温节能的效果，新鲜空气的引入优化了室内空气质量，还带来了大自然的气息，利用风的垂直分布特性在建筑高处安装百叶通风设备，通过其周围区域较大的风速、较多紊流和室内的温室效应实现风压热压协同作用，达到风能利用的最大效果，主动式节能设计主要为利用储能设备将太阳能集热板接收器接收的太阳能热能，提供给室内的热水、空调、暖气等供暖设备。为达到节水目的，建筑通过地下雨水收集器达到用水以及建筑的消防需求。

方案建成后将满足各种人群日渐复杂的建筑功能需求，并能将校园的日常性活动引入图书馆，活跃校园气氛。

经济技术指标
ECONOMIC AND TECHNICAL INDICATORS

用地面积：4840㎡	总建筑面积：2909㎡	容积率：0.8
占地面积：1445㎡	建筑密度：29.8%	绿地率：43%

区位分析
LOCATION ANALYSIS

基地周边建筑肌理

基地周边建筑卫星图

基地位于湖南省长沙市天心区某大学校区内部。校园本身具有悠久历史，其区位属于城市中心，校园和居民区有大量相接，周边有繁忙的交通系统和大量本地常住人口，开放性的校园中容纳有学生以及周边民居。

太阳辐射分析
ANALYSIS OF SOLAR RADIATION

太阳辐射分析图

长沙地区气温分析图

分析内容：建筑所处基地日照充足，夏季日照强度最强，冬季日照强度最弱，建筑朝向为正南北向，所处的环境适宜朝向也为正南面和正北面，不适宜朝向为西面、西北面。

应对措施：1.太阳能光电板发电、2.太阳能集热器集热、3.屋顶绿化、4.冷巷技术、5.幕墙格栅、

基地周边分析
BASE PERIMETER ANALYSIS

周边建筑层高

校园正交体系与轴线关系

人群行走路线和停留场所

周边建筑入口

图书馆使用者与空间分析

大学生：是图书馆的主要使用人群。对图书馆的需求为读书、讨论、娱乐。

老人（退休职工）：偶尔去图书馆读书。对图书馆的主要需求为读书和休闲。

附属学校的学生：放学和周末去图书馆写作业。对图书馆的主要需求为学习和玩耍。

学校的老师：偶尔去图书馆找资料。对图书馆的主要需求为阅读资料。

提出问题及解决办法
QUESTIONS AND METHODS

校园建筑的特殊性 + 图书馆的功能性 + 绿色建筑的理念

现图书馆存在的问题

- 周边树木茂盛，四层以下采光较差。
- 图书馆的自然通风较差。
- 图书馆的空间较为封闭，对外的开放性较差。
- 图书馆无对外展示空间和自由活动空间。
- 图书馆仅有单一的阅读空间。
- 现图书馆缺乏今天建筑所相应的服务设施。

- 如何使得图书馆空间更加丰富，以及图书馆对外更加开放？
- 如何满足周围人群对校园生活以及图书馆的日常需求？
- 如何将一些绿色建筑的设计方法融入到此次设计中？

活化建筑外部过渡空间，使得图书馆在不开放的时间里师生和居民仍能使用。图书馆功能整合，更具可能性。

- 底层部分架空，退让出出口，同时营造开放空间。
- 置入咖啡休闲等公共空间和其他功能。
- 以中庭为中心设计通风口，使得建筑更加节能。
- 营造丰富的灰空间，增加空间的层次感。
- 关注庞大的自习需求和提供其他配套服务功能。
- 建筑具有标志性，增加场地绿化，增加户外空间。

体快生成
THE FORMATION OF BLOCKS

基地范围与周边建筑情况分析

根据基地人流方向将体块分成两部分

分别将两个部分各自置入不同的功能

挖中庭做减法，设计架空，形成入口

由风向设置屋顶通风口，考虑表皮

建筑立面迎合风向创造更设计感的形态

总平面图
SITE PLAN

主入口 次入口 次入口 车行入口 办公入口 书籍入口 风雨棚

平面图
PLAN

1.门厅 2.展览 3.美工采编室4.5.自习室 6.咖啡厅 7.出纳厅8.值班室 9.采编室 10.藏书库

首层平面图

1.门厅上空 2.3.阅览室 4.自习室 5.庭院上空 6.自习室 7.计算机室 8.藏书库 9.复印室 10.装订室 11.办公室

二层平面图

1.小报告厅 2.屋顶露台 3.屋顶 4.5.阅览室 6.办公室

三层平面图

爆炸图
EXPLODED VIEW

顶部的导风板用由固定支座、连接件和径向轴承组成的铰链连接。

在建筑顶部设置可防雨防尘的百叶通风口，方便南北通风。

混凝土装板可使用废弃石粉、石碴，减少了对环境的污染，且能保温隔热。

外墙用混凝土斜柱交叉分布，既可替代梁柱承担横向和纵向荷载，也可结合玻璃外墙和木格栅，提供遮阳，且美观。

办公流线

读者流线

广玉兰 MAGNOLIA GRANDIFLORA L.

杜鹃 RHODODENDRON SIMSII PLANCH

白花石蒜 LYCORIS RADIATA VAR.

银薇 LAGERSTROEMIA INDICA F.

香樟 CINNAMOMUM CAMPHORA (L.)

女贞 LIGUSTRUM LUCIDUM AIT.

立面图
ELEVATION

作品名称：风至——学校图文信息中心设计

作者：杨光磊、谌穗、谢绮萌、彭彬　　指导老师：李哲、柳思勉　　学校：中南大学

"风至"

——学校图文信息中心设计

温度降水统计图
TEMPERATURE AND PRECIPITATION

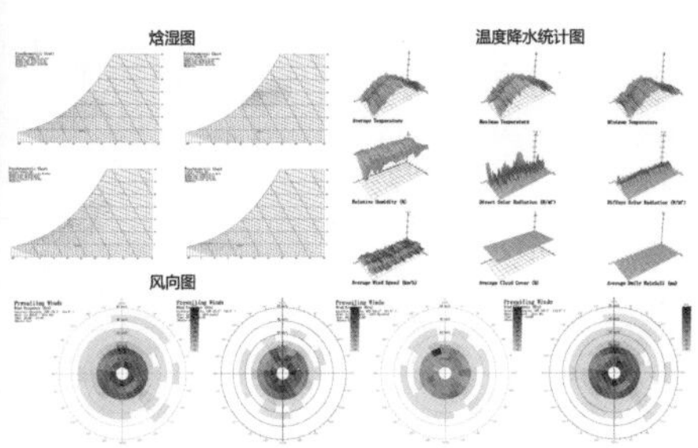

分析内容：长沙气候温和，降水充沛，雨热同期，四季分明，市区年平均气温17.2℃，各县16.8℃～17.3℃，年积温为5457℃，市区平均降水量1361.6毫米。

应对措施：1.屋顶雨水回收系统、2.种植屋面、3.地源热泵、4.隔热玻璃幕墙、5.中水系统、

剖透视
PERSPECTIVE

冷空气通过开放式中庭传递到室内

建筑内部向外被送热压

地源热泵用水

景观绿化用水

雨水利用

封闭式中庭蓄水

开放式中庭蓄水

建筑剖面对通风的应对分析
ANALYSIS OF BUILDING SECTION VENTILATION

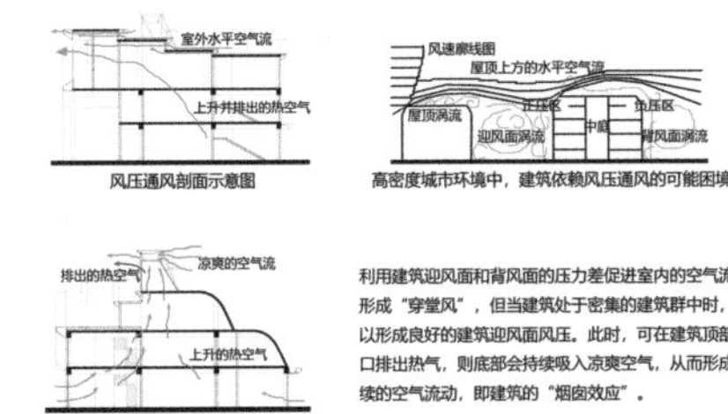

利用建筑迎风面和背风面的压力差促进室内的空气流动，形成"穿堂风"，但当建筑处于密集的建筑群中时，难以形成良好的建筑迎风面风压。此时，可在建筑顶部开口排出热气，则底部会持续吸入凉爽空气，从而形成连续的空气流动，即建筑的"烟囱效应"。

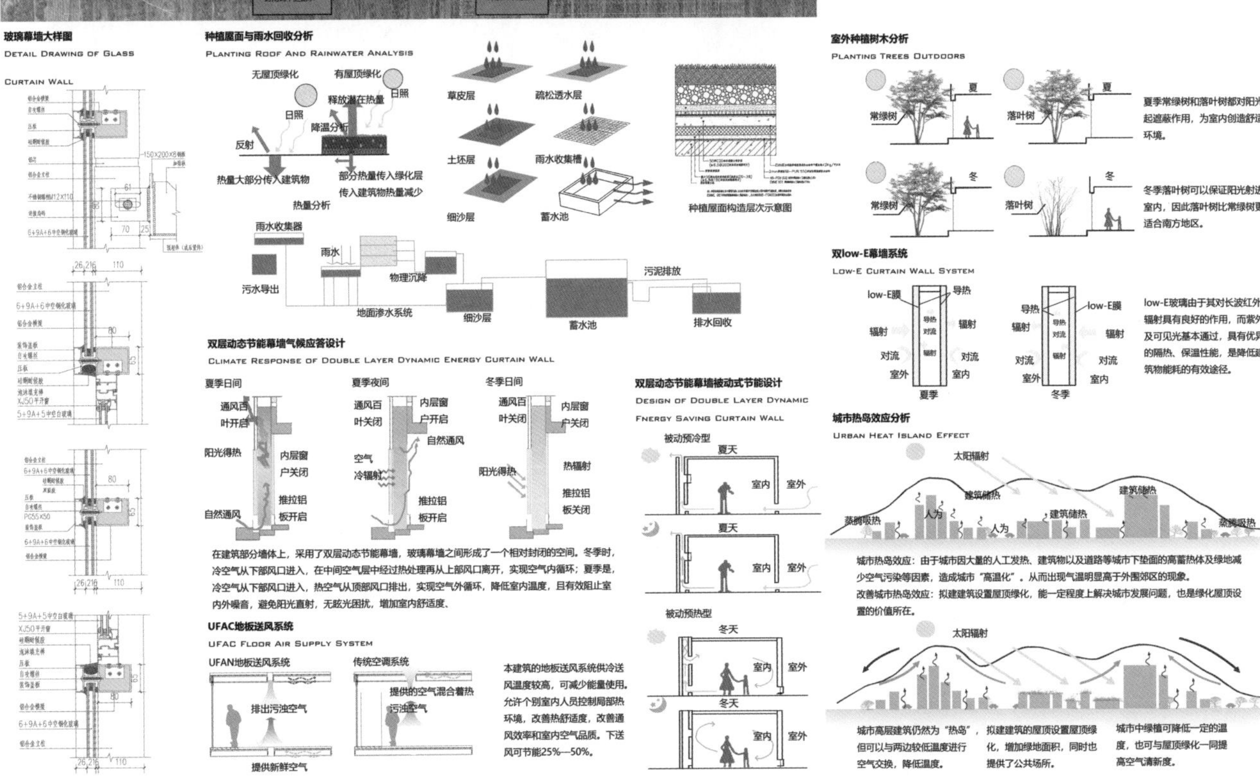

玻璃幕墙大样图
DETAIL DRAWING OF GLASS CURTAIN WALL

种植屋面与雨水回收分析
PLANTING ROOF AND RAINWATER ANALYSIS

室外种植树木分析
PLANTING TREES OUTDOORS

夏季常绿树和落叶树都对阳光起遮蔽作用，为室内创造舒适环境。

冬季落叶树可以保证阳光射进室内，因此落叶树比常绿树更适合南方地区。

双low-E幕墙系统
LOW-E CURTAIN WALL SYSTEM

low-E玻璃由于其对长波红外辐射具有良好的作用，而紫外及可见光基本通过，具有优异的隔热、保温性能，是降低建筑物能耗的有效途径。

双层动态节能幕墙气候应答设计
CLIMATE RESPONSE OF DOUBLE LAYER DYNAMIC ENERGY CURTAIN WALL

在建筑部分墙体上，采用了双层动态节能幕墙，玻璃幕墙之间形成了一个相对封闭的空间。冬季时，冷空气从下部风口进入，在中间空气层中经过热处理再从上部风口离开，实现空气内循环；夏季是，冷空气从下部风口进入，热空气从顶部风口排出，实现空气外循环，降低室内温度，且有效阻止室内外噪音，避免阳光直射，无眩光困扰，增加室内舒适度。

双层动态节能幕墙被动式节能设计
DESIGN OF DOUBLE LAYER DYNAMIC ENERGY SAVING CURTAIN WALL

UFAC地板送风系统
UFAC FLOOR AIR SUPPLY SYSTEM

本建筑的地板送风系统供冷送风温度较高，可减少能量使用。允许个别室内人员控制局部热环境，改善热舒适度，改善通风效率和室内空气品质。下送风可节能25%—50%。

城市热岛效应分析
URBAN HEAT ISLAND EFFECT

城市热岛效应：由于城市因大量的人工发热、建筑物以及道路等城市下垫面的高蓄热体及绿地减少空气污染等因素，造成城市"高温化"，从而出现气温明显高于外围郊区的现象。

改善城市热岛效应：拟建建筑设置屋顶绿化，能一定程度上解决城市发展问题，也是绿化屋顶设置的价值所在。

城市高层建筑仍然为"热岛"，但可以与两边较低温度进行空气交换，降低温度。

拟建建筑的屋顶设置屋顶绿化，增加绿地面积，同时也提供了公共场所。

城市中绿植可降低一定的温度，也可与屋顶绿化一同提高空气清新度。

二等奖 作品

作品名称：无界 · 无解——互联网背景下与社区融合共享的高校图书馆改造设计

作者：姜伊静、梁雨欣、黄飞虎、肖忠乾　　指导老师：周燕来、王萌　　学校：湖南工程学院

无界·无解
——互联网背景下与社区融合共享的高校图书馆改造设计
设计演变过程：
爆炸分析图
一层平面 1:800
二层平面 1:800
三层平面 1:800
西立面
南立面
东立面
北立面

二等奖 作品

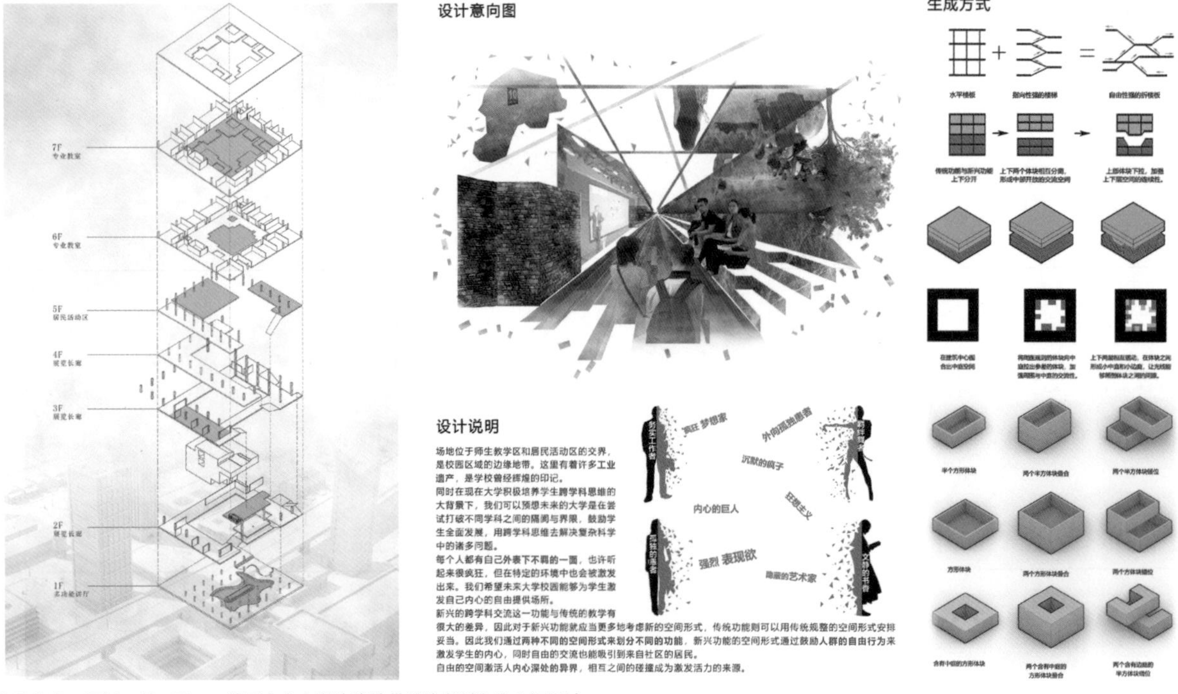

作品名称：异界·叠·系——基于未来大学边缘地带的跨学科交流空间设计
作者：成浩然、蔡守键、姚雅芹、李灿　　指导老师：蒋甦琦　　学校：湖南大学

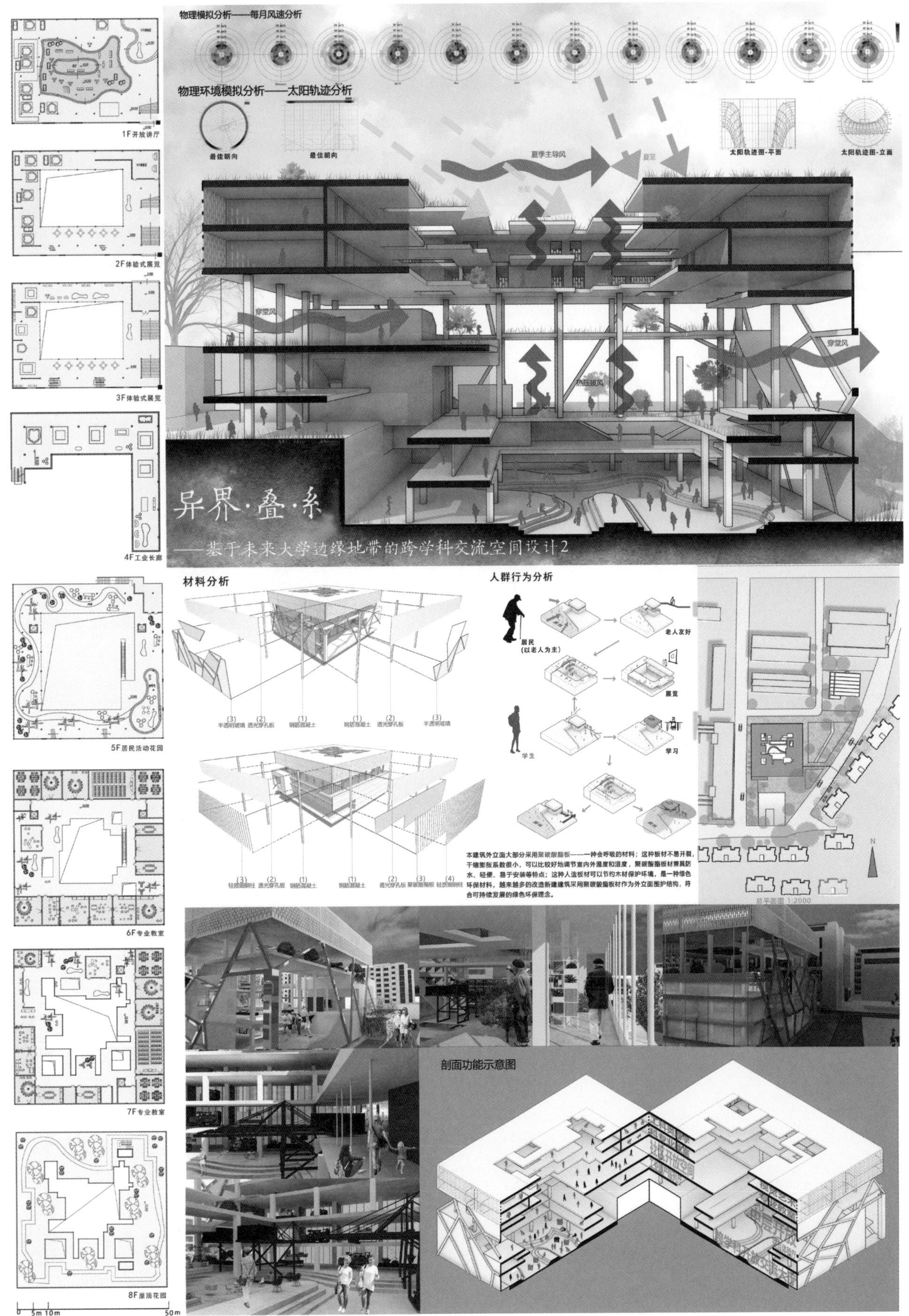
物理模拟分析——每月风速分析
物理环境模拟分析——太阳轨迹分析
最佳朝向
最佳朝向
夏季主导风
夏至
太阳轨迹图-平面
太阳轨迹图-立面
穿堂风
热压拔风
穿堂风
异界·叠·系
——鉴于未来大学边缘地带的跨学科交流空间设计2
1F开放讲厅
2F体验式展览
3F体验式展览
4F工业长廊
5F居民活动花园
6F专业教室
7F专业教室
8F屋顶花园
0 5m 10m 50m
材料分析
(3) 半透明玻璃
(2) 透光穿孔板
(1) 钢筋混凝土
(1) 钢筋混凝土
(2) 透光穿孔板
(3) 半透明玻璃
(3) 轻质细钢柱
(2) 透光穿孔板
(1) 钢筋混凝土
(1) 钢筋混凝土
(2) 透光穿孔板
(3) 聚碳酸酯板
(4) 轻质细钢柱
人群行为分析
居民
(以老人为主)
老人友好
展览
学生
学习
本建筑外立面大部分采用聚碳酸酯板——一种会呼吸的材料；这种板材不易开裂，干缩膨胀系数很小，可以比较好地调节室内外温度和湿度，聚碳酸酯板材兼具防水、轻便、易于安装等特点；这种人造板材可以节约木材保护环境，是一种绿色环保材料，越来越多的改造新建建筑采用聚碳酸酯板材作为外立面围护结构，符合可持续发展的绿色环保理念。
总平面图 1:2000
N
剖面功能示意图

二等奖 作品

三等奖（部分）

作品名称：山岳台——校园绿色生态学习下的学术交流中心
作者：汤敏、张建新、李翔、薛翔宇　　指导老师：文静、李赛　　学校：湖南工学院

——校园绿色生态学习下的学术交流中心
首层平面图 FIRST FLOOR PLAN
二层平面图 SECOND FLOOR PLAN
轴测爆炸图分析
ANALYSIS OF AXONOMETRIC EXPLOSION DIAGRAM
剖面图 SECTION
立面图 ELEVATION
可持续分析 SUSTAINABILITY ANALYSIS
屋顶雨水，屋顶雨水相对干净，杂质、泥沙及其他污染物少，可通过弃流和简单过滤后，直接排入蓄水系统，进行处理后使用。
地面雨水，地面的雨水杂质多，污染物源复杂，在弃流和粗略过滤后，还必须进行沉淀才能排入蓄水系统。
东立面
北立面

三等奖 作品（部分）

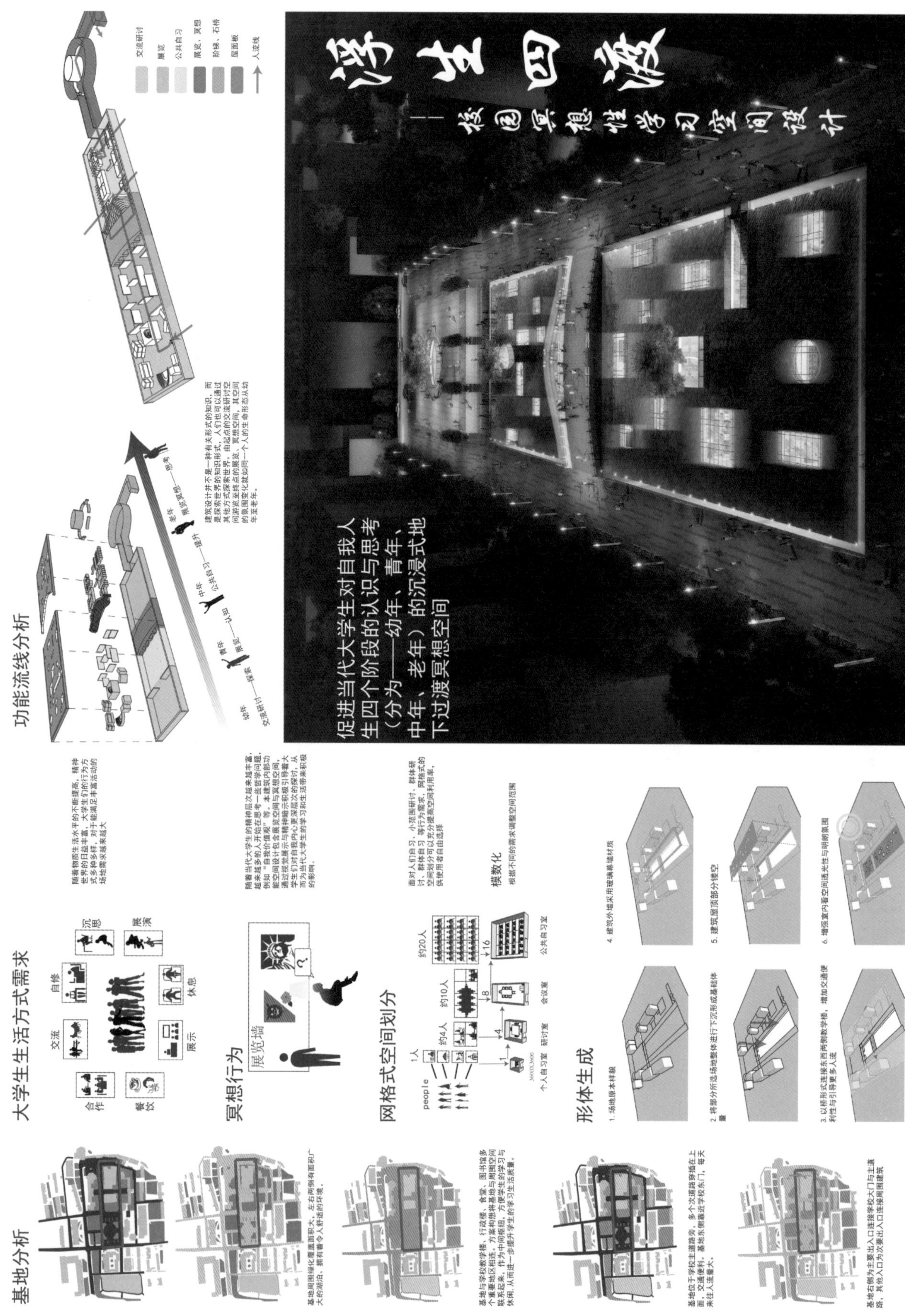

作品名称：浮生四渡——校园冥想性学习空间设计

作者：田玮锟、易耀辉、何明珠、郭心茹　　指导老师：陈思佳、卢娟　　学校：湖南科技学院

冥想展览空间
公共研讨区
公共自习室
屋顶上方
屋面设计分析
不规则屋顶天窗
景观水池
屋面板
总平面图
主要出入口
主要出入口
展览与冥想
功能联结与复合
立面图
剖面图
平面图
1 活动室
2 流线展览
3 户外阶梯
4 公共自习
5 个人自习
6 通道
7 流线展览
8 冥想空间

三等奖 作品（部分）

三获奖笔谈

中南大学获奖笔谈

宋 盈

指导老师介绍：

宋 盈

中南大学建筑与艺术学院副教授，中国建筑学会工业遗产委员会学术委员，湖南省文物局专家，2020湖南省大学生可持续建筑设计竞赛命题人。

教师笔谈：

2020年，是不平凡的一年。

跟着新年一起到来的，是谁都没有料到的一种迅猛席卷人类世界的灾难和变化，城市和校园似乎也都随之按下了暂停键，但在看似水波不兴的海平面，青春的后浪却在翻涌、酝酿，如何用新的力量和节奏，让世界重启！本次竞赛以“后浪时代的大学空间”为题，旨在考查同学们以校园空间的建设者与参与者的身份，以时代视野，如何批判性思考大学校园空间的本质需求；又如何以设计思维和技术手段去解决现实社会与生态问题、技术与人的关系，使之成为延续和传播校园物质文化的重要载体，达到以文“化”人、环境育人的教育效果。

中南大学建筑学院作为本次竞赛的发起人和主办方，非常重视竞赛与教学工作的结合与互相促进，将本次竞赛纳入到三年级的课程教学环节中。石磊副院长牵头部署，教学主管副院长解明镜及支部书记罗明，与我、胡华等任课教师组成竞赛指导教师团队，以赛促教，以赛促改，以赛促学，使建筑竞赛和设计教学有机结合，取得了可喜的成绩，达到了良好的预期效果。

相比常规的设计教学，竞赛指导教师要兼任更多的角色：在学生找不到思路和方向时，做带来灵感的“魔法师”；在遇到结构、设备、经济、社会等知识“拦路虎”时，挺身而出做“伏虎者”；在竞赛团队成员意见不一致、剑拔弩张甚至“擦枪走火”时及时出现做一名“消防员”；还要在大家迷茫沮丧、情绪低落时做抚慰治愈的“天使”……在这一过程中，我们和学生共同学习，共同成长，共同打开自己，迎接创新与挑战，也与同学们共享收获与提高的喜悦！行远自迩，笃行不怠，我们在湖南省大学生可持续竞赛这一成长性的高水平综合性竞赛平台上，教赛结合，教学相长，愿湖南省可持续竞赛和湖南建筑教育明天会更好！

获奖团队合影：李子墨、叶珈含、闫语函、丁钰静（从左到右）

获奖团队代表介绍：

李子墨

中南大学建筑与艺术学院建筑学 2017 级本科生。

获奖团队代表李子墨笔谈：

（1）什么样的契机下您参加了首届湖南省大学生可持续建筑设计竞赛?

我们大三的课程设计是以首届可持续建筑设计竞赛为题目的，整个设计周期长达八周。从概念推敲到方案生成都投入了很多心血。我对自己的作品不是很有自信，直到图画完都觉得不满意，觉得概念没有表达充分。所以十分感谢我的指导老师，支持我、鼓励我完成这个竞赛。

（2）当时正是疫情初发时期，甚至还在线上上课，在设计过程中有什么给您留下印象比较深刻的事?

可持续建筑设计竞赛是我最早做的几个竞赛之一，在经验不足又没法和老师面对面交流的情况下，阻碍重重。但是疫情对我来讲其实反而有一些意外的帮助，我有一点完美主义倾向，在线下的时候，总觉得自己没有做好，不是每次设计课都会和老师交流，从而影响了设计的进度；反而在线上授课的过程中，每节课都向老师汇报设计进展和老师交流阶段成果，保证了我的设计质量和进度。这也是整个设计完成并获奖的保障。

（3）您对当时获奖的感想?

真的很惊喜，获得可持续建筑竞赛的一等奖是对我个人设计能力极大的肯定，这给了我很大的力量，让我感觉到我的付出有所收获，也支持我持续在设计的道路上深耕。

（4）您认为参加湖南省大学生可持续建筑设计竞赛对您以后的学习与工作有何帮助?

我认为在学生时期的竞赛，与程式化的课程设计不同，设计竞赛十分开拓设计视野和设计思维。可持续建筑设计竞赛使我们不囿于现实条件，跳出思维惯性，有深度地思考社会问题。这使我们的设计思维有跃迁式的提高，也让以后接触实际项目时可以有更灵活的思路，从而解决更复杂的问题，也让我们做方案时除了解决场地问题和需求之外，更有前瞻性和人文关怀。

（5）其他您认为值得记述的与参加湖南省大学生可持续建筑设计竞赛有关的记忆?

最值得记忆的就是每次和老师的思维碰撞，以及老师在关键节点上对我的启迪。最开始我尝试通过塑造一个可变的物理环境，满足图书馆内学生对不同声、光环境的需求，由此需要依托于场地内现有的乔木等植被，但这个思路可操作性较低。后来在老师的点拨下，我将设计的纬度从空间拓展至时间，通过植被的荣衰更替来影响不同时间阶段的建筑形态，最后形成了一个充满生机和希望的未来大学空间。

湖南大学获奖笔谈

彭智谋

指导老师介绍：

彭智谋

湖南大学建筑与规划学院博士、副教授、高级工程师、院务助理、湖南大学设计研究院有限公司—合众创作设计研究中心主任。研究方向：建筑设计及其理论，地域建筑实践，校园建筑设计与标准化运用研究。专业特长：建筑设计及其理论、城乡规划、地域建筑文化。曾撰写相关科研论文 10 余篇和参编多部著作，主持参与国家、省部级自科、社科基金 6 项，主持百余所大学、中小学教育建筑设计，实践成果多次获省部级优秀工程勘察设计奖。

教师笔谈：

（1）您对于 2020 年湖南省大学生可持续建筑设计竞赛题目的思考和理解是什么？

本次竞赛的主题是后浪时代的大学空间，后浪时代的青年们生活在校园的空间中，感受着新数字技术对学习、生活和工作带来的诸多改变。大学校园内的教育环境、学习模式和师生关系等等都是新时代需要重新思考的问题，建筑学专业背景的后浪青年们可以用建筑学的视角重新构思校园规划、建筑设计和生活学习空间等，让未来的大学校园容纳更多元的文化、审美和价值观。

（2）在指导过程中给您留下深刻印象的事情？

印象最深刻的部分是与学生思维碰撞的部分，因为我的研究方向是校园建筑，对校园建筑的研究与设计有一定的积累，但是在和同学们互相讨论的过程中我对校园建筑设计又有新的理解。

比如带领的队伍中，同学们以反转的手法表现未来书院的场所精神，以传统书院空间格局为原型表达对未来人们学习生活空间的畅想。这种想法是传统与未来的碰撞，是利用科技促进传统文化的发展，是给传统文化赋予当代的价值。

（3）您对当前参加湖南省大学生可持续建筑设计竞赛的老师和学生有何建议？

可持续设计竞赛每年的命题推陈出新，不断地进步，影响力也在扩大。带领竞赛的老师需要认真负责，尊重学生的设计想法，为同学们提供新想法，为学生们答疑解惑。同时，老师需要把控好参赛者的时间节点和设计的大方向，这样同学们才能交出好的作品。

同学们应该积极参与到竞赛的设计之中，竞赛根据当前建筑行业的新发展进行命题，参与竞赛就是参与到行业的新发展之中，给未来的学习带来更全面的发展。同学们也应该在竞赛中发挥自己的设计能力，比如结合可持续设计、智慧化建筑与其他学科交融等，把自己的想法付诸作品。

获奖团队代表照片：黄昀舒

获奖团队代表介绍：

黄昀舒

湖南大学建筑与规划学院建筑学 2017 级本科生。

获奖团队代表黄昀舒笔谈：

（1）什么样的契机下您参加了首届湖南省大学生可持续建筑设计竞赛?

学校的设计课刚巧与首届湖南省大学生可持续建筑设计竞赛的题目相近，就想着和同学组队把课程作业继续深化后参加竞赛试一试，于是就有了“学游居苑——未来大学开放式立体复合书院”这个作品。

（2）当时正是疫情初发时期，甚至还在线上上课，在设计过程中有什么给您留下印象比较深刻的事?

整个设计过程中印象比较深刻的事情应该还是受疫情影响，线上做设计的过程。因为我们设计的场地在学校校园内，如果去上学的话很容易就能够现场调研到场地现状。而且我们的设计是以学校内千年学府岳麓书院为原型，但是却没有办法在做设计的时候到现场调研学习，感觉还是有些遗憾。

（3）您对当时获奖的感想?

当时获奖时非常开心并且有成就感，因为我和同组的小伙伴们对整个设计，包括图纸前前后后进行了多次的改动，而且能够根据湖南大学的前身——岳麓书院在自己的校园里创造一个理想中的未来大学，并受到认可是非常感恩和感动的。

（4）您认为参加湖南省大学生可持续建筑设计竞赛对您以后的学习与工作有何帮助?

在创作的过程中，我和同组的小伙伴们学会了对传统的书院建筑群进行深入的研究学习，提取书院中的空间原型，用以解决未来大学中可能出现的社会问题，并加入模块化的建筑体块，根据不同人群需求将居与学结合起来。同时学会了如何设计一座可持续建筑，如何用可持续建筑为社会环境做一些改善，并学会用不同软件模拟可持续建筑的环境。我们认为可持续建筑是未来建筑的主要的发展方向之一，为我们今后的建筑学习和研究方向都提供了一个值得选择的机会。

（5）其他您认为值得记述的与参加湖南省大学生可持续建筑设计竞赛有关的记忆?

因为疫情，我和组员还有老师的沟通其实大部分时间都是在线上的，这次创作我学会了如何和同学们在线上也保持高效的创作过程，学会了团队合作，以及用批判的眼光去看待不同的建筑作品——就像老话说的，取其精华去其糟粕。最后还是非常感谢老师对于我们设计的辛勤付出，整个过程中真的学到了很多！

长沙理工大学获奖笔谈

王　蓉

指导老师介绍：

王　蓉

长沙理工大学副教授，1991 年毕业于郑州工学院建筑学专业，1995 年初调入长沙理工大学，一直从事建筑学专业本科教学，先后指导学生参加全国大学生建筑设计优秀作业评选、湖南省大学生可持续发展建筑设计竞赛等建筑学专业评比、竞赛获奖 20 余次，指导获奖的学生覆盖建筑学专业本科生的二、三、四、五共四个年级。

教师笔谈：

2020 年湖南省大学生可持续建筑设计竞赛以“后浪时代的大学空间”为题。可持续是世界发展的大趋势，可持续建筑设计是当代建筑设计的核心要素之一，涉及建筑学学科的诸多领域；大学空间是学生最为熟悉的空间场所，非常贴近学生的生活和专业学习，有利于促进学生学习思考；后浪时代是中国历经 40 多年改革开放， 取得一系列举世瞩目的成就后，新一代面临新的机遇与挑战的时代。

指导首届湖南省大学生可持续建筑设计竞赛的过程有艰辛，同时也充满了欢乐和收获。首先是参赛的时间比较紧张，还处在疫情影响很大的期间，两位参赛学生又都是原来专业基础并不算十分出色的三年级学生，对于专业以及设计的认知和理解还都差强人意。但两位学生都十分勤奋好学，进步、提升得非常快，最终按时交出了令人满意的设计，相信她们通过此次参赛也都增进了专业学习加快了成长，获益良多。

一点建议：充分结合建筑学的专业教育和设计的课程教学，以赛促教、以赛促学，拓展专业教育和课程教学。

获奖团队合影：唐一 、黄镘铭
（从左到右）

获奖团队介绍：

唐一、黄镘铭
长沙理工大学建筑学院建筑学 2018 级本科生。

获奖团队笔谈：

（1）什么样的契机下您参加了首届湖南省大学生可持续建筑设计竞赛？

得到比赛消息是在我们刚升入大三的时候，这是我们大学阶段接触到的首个建筑设计竞赛，其实心里没底，在设计课程吕昀老师的鼓励下，我们秉承着促进专业学习的想法参加了此次竞赛。

（2）当时正是疫情初发时期，甚至还在线上上课，在设计过程中有什么给您留下印象比较深刻的事？

我们当时是线下上课，这个作品是作为一次设计课程作业来完成的，当时在老师的指导下进行了多轮修改。印象深刻的事情很多，第一次合作设计，第一次参与竞赛，也几乎是第一次电脑出图。刚开始设计概念不清晰，思路单一，最后这个设计是我们推翻了很多次方案构想才得到的结果。

（3）您对当时获奖的感想？

完全在意料之外，在校内初赛时，学长学姐以及研究生的作品及表达，让我们看到了自身的巨大差距，之后我们竭尽所能地进行了设计和图面的修改完善。回顾那次比赛，我们认识到团队合作的重要性，我们通过自己的努力解决了一个又一个问题，在专业认知与设计能力方面取得了长足的进步，这是我们参加比赛的最大收获。

（4）您认为参加湖南省大学生可持续建筑设计竞赛对您以后的学习与工作有何帮助？

通过参加这次湖南省大学生可持续设计竞赛，使我们对建筑设计建立了更为全面的概念与认知，以团队的形式完成一个设计也是一次很奇妙的体验。竞赛让我们认识到自己专业知识的不足，视野不够宽广，从而促使我们更有热情地去学习和探究建筑设计。个人综合能力得到锻炼，是一个自我提升的过程。在这个过程中所得到的经验对以后的学习、工作和生活都很重要。

（5）其他您认为值得记述的与参加湖南省大学生可持续建筑设计竞赛有关的记忆？

当时做设计的时候，我们一起熬夜通宵，推翻方案重做，疯狂修改并和老师进行“诡辩”，都是记忆犹新的画面。两个人的设计思路不会完全合拍，讨论磨合的过程仍历历在目，我们的方案一直拖到了很晚才确定，后期边学习软件边画图，在磕磕绊绊中努力前行。

湖南科技大学获奖笔谈

王　顶

指导老师介绍：

王　顶

湖南科技大学建筑与艺术设计学院讲师，硕士生导师。2009 年毕业于俄罗斯圣彼得堡国立大学，获设计学硕士学位；2014 年毕业于俄罗斯圣彼得堡国立建筑大学，获建筑学博士学位，期间荣获国家留学基金委颁发的优秀留学博士生奖，主要研究方向：绿色、可持续技术，工业遗产。目前在研主持湖南省教育厅优秀青年、省社科联、省课程思政建设等多个课题；在国内外公开发表学术论文 10 余篇，多次参加国际专业研讨会。首届湖南省建筑学学科竞赛－可持续建筑设计竞赛一等奖指导老师，指导学生主持国家级大学生创新训练项目 1 项，另指导学生参加湖南省城乡规划设计大赛，全国绿色建筑大赛等竞赛中获奖 10 余项。

教师笔谈：

（1）您对 2020 年湖南省大学生可持续建筑设计竞赛题目的思考和理解是什么？

2020 年湖南省大学生可持续建筑设计竞赛主要聚焦在“后浪时代”这个未来感较强的主题上，目前绝大多数的大学空间都还是在延续以往的功能。“后浪时代”的推进必然会挑战旧秩序，并带来新的生活方式、需求以及更具科技感的功能空间。因此在整个设计过程中，“后浪”们天马行空的思路就显得极其重要，作品最后呈现出来丰富的功能空间的表达也是我们整个“后浪”团队对本次竞赛主题的思考和理解。

（2）在指导过程中给您留下深刻印象的事情？

2020 年正值疫情高峰期，对我们团队的沟通以及调研都有不小的影响，但也为我们竞赛带来了更具时效性的创意，“后疫情时代”的主题也因此孕育而生。为此，同学们翻阅了大量的文献，对病毒的传播机制做了详细的研究，我们在作品中也提出了较多应对疫情防控需求的想法，整个空间变化的处理也在探讨现实生活中的迫切需求。印象最深的是在竞赛结束之后，同学们还以此发表了一篇文章，我们团队在竞赛的过程中的收获颇丰。

（3）您对当前参加湖南省大学生可持续建筑设计竞赛的老师和学生有何建议？

湖南省大学生可持续建筑设计竞赛是一个权威性、专业性极强的竞赛，参加这样的竞赛对老师的专业素养要求极高，在指导竞赛的过程中也会逐步提升老师自己的专业能力；对于学生来说，也要求学生学会团队合作、主动探索、积极钻研，用科研的态度完成竞赛。总之希望参赛的老师和学生们放松心态，享受备赛的过程，期望大家都能完成优秀的设计作品并取得优异的成绩。

获奖团队合影：廖建奇、李岱彬、巩芳芳、廖鑫（从左至右）

获奖团队介绍：

廖建奇、李岱彬、巩芳芳、廖鑫
湖南科技大学潇湘学院建筑学 2017 级本科生。

获奖团队代表廖建奇笔谈：

（1）什么样的契机下您参加了首届湖南省大学生可持续建筑设计竞赛?

因为我平时比较关注各大竞赛，加上学校的宣传和老师的推荐，对竞赛主题也很感兴趣，觉得疫情对我们学习和生活影响很大，在建筑设计中也应有所体现，就报名参加了。

（2）当时正是疫情初发时期，甚至还在线上上课，在设计过程中有哪些给您留下印象比较深刻的事?

我们参加竞赛时学校已经恢复了线下教学，不过是封闭式管理的，学生缺少活动场地和交流空间，很多同学晚上下课后都在学校操场进行跑步、广场舞、飞行棋等运动、娱乐、交流活动。后疫情时代，大家的行为模式都发生了改变，比如戴口罩上课、室内保持间距、食堂不能堂食等，所以后疫情时代下的城市、建筑和人都需要做出改变，这也是该设计灵感的来源。

（3）您对当时获奖的感想?

得知获得一等奖后是非常开心的，我们做后疫情时代这个概念还算是比较前沿的，做的人还比较少，得奖后觉得自己和组员的想法得到了肯定，也很感谢两位指导老师的悉心指导和组员的共同努力，最后取得一个好的结果。

（4）您认为参加湖南省大学生可持续建筑设计竞赛对您以后的学习与工作有何帮助?

我认为是很有帮助的，竞赛能帮助我们开拓视野、提高分析能力、学习新的建筑技术、解决一些实际问题等。针对本次竞赛我们查阅了大量的文献，还做了调查问卷。并以此为契机，我在导师的指导下发表了一篇论文。总之，参加竞赛之后激发了我对学术的热爱，也明确了我对之后学习生涯的规划。

（5）其他您认为值得记述的与参加湖南省大学生可持续建筑设计竞赛有关的记忆?

我们在比赛过程中，发现大部分同学都想到了模块化的概念，所以我们的设计要脱颖而出就不是很容易。我提出将本来设想的医疗模块取消，将疫情前后的变化作为切入点来重构空间，经过大家的共同努力才呈现出最后的图纸。转眼间就毕业了，平时课程设计也是各画各的，像这样共同去思考同一个设计、共同画图相互协助的日子是一个很美好的回忆。

湖南城市学院获奖笔谈

刘培芳

指导老师介绍：

刘培芳

湖南益阳人，中共党员，硕士研究生，讲师，是一名在建筑与城市规划学院长期从事一线教育教学工作的建筑专业教师。在长期的教学实践中，本人认为本科教育是授予学生以情怀、授之学生以方法。在整个设计教学过程中，应该着力用科学的方法帮学生建立丰富而多维的设计思维体系，从而最终生成的方案更加科学而合理。

教师笔谈：

“后浪时代的大学空间”这个题目既富有时代性，又贴近我们的生活。后浪时代能容得下更多元的文化、审美和价值观。作为大学空间的使用者、参与者，引导我的学生，从使用者、参与者的角度出发，多方向地去解读，多维度地去思考，先深入了解我们对大学校园空间的真正需求，再融合技术与人的关系，用最新的设计思维和技术手段解决现实社会与生态问题，使之成为延续和传播校园物质文化的重要载体。

在整个竞赛过程中，学生的参与度极高，从最熟悉的空间入手更容易激发出灵感。不管是前期的调查问卷分析，还是设计过程中思想的碰撞都较之以往更深入、更积极。有同学从使用者需求和特点出发，完善各类校园空间的设置。现代大学生个性张扬、思想独立，但缺乏一定的凝聚力，因此通过将后浪时代精神转译成为后浪空间建筑，利用一个能体现传承创新并更适宜于大学生自我表达的空间的构建，以此将年轻的力量凝聚起来。也有的从完善空间的肌理出发，用新生活方式构建新的功能与空间，比如用“点、线、面”三部曲进行校园中轴线的重构与激活，将“点”系统演变为对未来新型学习生活模式的探索。再通过实体的步道“线”系统进行“联网”，汇聚至“面”系统——聚集性的中心广场。利用点线面收集使用者的需求，进而不断完善更新校园的模式。还有的将大学空间融入城市空间，打破大学与城市、大学与大学、学院与学院之间的壁垒，促进学生与学生、学生与老师、学生与社会人员的联系，建筑采用最简单、最便捷的搭建方式，快速在大学校园内构成一个活动集会空间。除开对于空间的思考，学生们还积极地找寻适合可持续建筑使用的绿色材料、绿色技术，从当地的材料出发，结合现有的建构方式和适宜的绿建用技术，提出新的使用模式。

我们处在一个科学、技术、文化充分交融的好时代，现在的年轻人已成为这个时代的主力军，“后浪”们富有想象力、充满激情，将一些不可能的事情变为可能，运用新技术新思想新方法去传承、更新产物发掘更多的新事物。作为建筑的设计者，同时也是使用者，要更多地从内在出发，将自己切实的感受融入自己的设计作品当中，我们对于各种空间、各种环境的需求、各种空间与环境之间的矛盾和冲突，渗透与融合，都是需要我们去思考去解读的。好的设计作品不仅仅需要的是绚丽多姿的外表，更多的是有打动人心的内在。

获奖团队合影：李泳诠、贺琳、贺徐、叶鸿戈（从左至右）

获奖团队代表介绍：

李泳诠
湖南城市学院建筑与城市规划学院建筑学2017级本科生。

获奖团队代表李泳诠笔谈：

（1）什么样的契机下您参加了首届湖南省大学生可持续建筑设计竞赛？

在大学期间想尝试一下竞赛类建筑设计，毕竟竞赛类建筑设计和课程建筑设计不一样，一个更偏向合理性，一个偏向思想性，范围更大，有更大的主题，但是可以多方位思考。

（2）当时正是疫情初发时期，甚至还在线上上课，在设计过程中有哪些给您留下印象比较深刻的事？

设计过程中最深刻的事就是，每天时间比较自由，可以干自己想干的事，思考自己感兴趣的方向。

（3）您对当时获奖的感想？

没有特别的感想，只是感觉很幸运，算是一次人生的小阶段。

（4）您认为参加湖南省大学生可持续建筑设计竞赛对您以后的学习与工作有何帮助？

竞赛让我感觉到，自己的设计观还是不够成熟，需要大量积累案例。

南华大学获奖笔谈

何璐珂

指导老师介绍：

何璐珂

南华大学建筑与设计艺术学院建筑系副主任，一级注册建筑师。曾多次指导学生参加国内外建筑竞赛并获奖：2016 年指导学生获全国绿色建筑设计竞赛获一等奖一项、二等奖一项、三等奖一项；2018 年指导学生获发展中国家建筑设计竞赛获银奖一项；2019 年指导学生获全国绿色建筑设计竞赛获二等奖一项、三等奖两项；2020 年指导学生获湖南省可持续设计竞赛二等奖，获“梦想家”建造节竞赛二等奖一项；2021 年指导学生获湖南省可持续设计竞赛三等奖一项；2022 年指导学生获湖南省联合毕业设计二等奖一项。

教师笔谈：

（1）在竞赛指导过程中给您留下深刻印象的事情是什么？

很清晰地记得与学生对竞赛题目主题“后浪”和建筑类型的探讨过程，在经过了对本校学生的调研问卷和访谈，分析数据后最终定为大学生创客中心的建筑类型设计。可以说指导本次竞赛，包括了主题探讨、建筑策划、选址、任务书扩展拟定、可行性分析、建筑设计等，整个过程没有标准答案，让学生尽量发挥了主导性，是一次很好的 PBL（以问题为导向的教学方法）教学实践，所以，特别感谢竞赛主办方发起的这一届开放性设计竞赛。

（2）您对当前参加湖南省大学生可持续建筑设计竞赛的老师和学生有何建议？

从2020年第一届的“后浪时代的大学空间”，到2021年的“城市乡愁”，以及2022年“有生命的可持续建筑”，我们能看到竞赛主题一直都是紧密切题可持续建筑设计主旨，因此细读竞赛任务书能看到每届竞赛都是很好的一次应对社会热点的研究性设计尝试。希望竞赛影响力越来越大，让更多的高校建筑教学老师和学生能跳出常规的课程设计教学，以赛促教，促成学生形成研究性设计思维。

获奖团队合影：胡佳琪、余泳俊、段源珂（从左至右）

获奖团队代表介绍：

胡佳琪

南华大学建筑与设计艺术学院建筑学 2017 级本科生。

获奖团队代表胡佳琪笔谈：

（1）什么样的契机下您参加了首届湖南省大学生可持续建筑设计竞赛?

一方面是学校老师推荐我参加可持续建筑设计竞赛，另一方面是可持续建筑设计是国家在建筑行业一直在倡导的一个方向，由此，我想通过此竞赛深入了解相关领域。

（2）当时正是疫情初发时期，甚至还在线上上课，在设计过程中有哪些给您留下印象比较深刻的事?

虽然很多讨论都通过线上来进行，但是我们的指导老师非常认真负责，不断地为我们答疑解惑，我很感谢老师们。

（3）您对当时获奖的感想?

感觉自己对可持续建筑设计的理解受到了专家评委的认可。

（4）您认为参加湖南省大学生可持续建筑设计竞赛对您以后的学习与工作有何帮助?

参加湖南省可持续建筑设计竞赛在一定程度上塑造了我的建筑观，可持续建筑设计最根本的还是设计，而不单单是绿色技术的堆砌，不只是在做这个主题的竞赛中要考虑到可持续问题，今后做的任何一种类型的建筑都需要考虑到。我们设计出来的空间除了让人感觉到舒适以外，也要降低其对环境的不利影响。

（5）其他您认为值得记述的与参加湖南省大学生可持续建筑设计竞赛有关的记忆?

在阅读《湖南传统民居》的时候，意外发现先辈们营造一所宜居房子的智慧，特别是传统建筑中结合气候及环境进行设计的技法，体现了湖南地域气质等绿色建筑精神。于是，我想从传统民居中提取气候适应性的空间原型并对其进行现代建筑语言的转译，以此表达建筑对当地气候的主动适应性，使之成为延续和传播校园物质文化的重要载体。

湖南工业大学获奖笔谈

杨　熙

指导老师介绍：

杨　熙

湖南工业大学城市与环境学院建筑学系主任，2003 年和 2010 年获得中南大学建筑学学士和硕士学位。目前在湖南工业大学城市与环境学院建筑学专业承担建筑设计等课程的教学工作。

教师笔谈：

（1）您对于 2020 年湖南省大学生可持续建筑设计竞赛题目的思考和理解是什么？

2020 年首届竞赛的主题是“后浪时代的大学空间”，刚拿到题目的时候，心中忽然被轻轻震了一下——我们是那已经过去的“浪”了，后浪汹涌来袭。不过又十分庆幸我们一直和他们在一起，一直沐浴着“后浪”们“不羁”和“朝气蓬勃”的气息。竞赛主题带给我们的不仅仅是建筑层面的思考，更多的是新时代下社会巨变中人与环境的关系。后浪时代的大学空间，“后浪”们就是主人，对于他们释放的个性与需求，他们自己最有发言权，契合到这次竞赛，他们一定有很多话要说。

（2）在指导过程中给您留下深刻印象的事情?

竞赛时期，正是一场突如其来的疫情刚刚被控制住，整个社会的节奏和人们的生活状态发生了不可逆转的变化，学生们也刚经历了半年的网课学习，深刻感受到了这场疫情带来的变化。在前期的讨论中，他们对社会的思考、对人的关注十分值得肯定，体现了新时代“后浪”的社会担当；通过这次竞赛，现场的数据调研采集，可持续设计理念的钻研，疫情、人、建筑、环境种种因素的考虑，学生团队分工协作，学习的主动性十分高涨，思维的广度被极力拉大，这些都是常规课设不能带来的变化。同时通过竞赛，也加大了省内高校师生之间的交流，活跃了教学秩序。

（3）您对当前参加湖南省大学生可持续建筑设计竞赛的老师和学生有何建议?

相比其他赛事，本竞赛对省内高校更具有普及性和吸引力，如何契合到课设中，需要合适的选题和各校培养方案相吻合，当然，竞赛也促进各校在培养方案的修订中更加关注社会和行业发展。通过竞赛，学生的交流碰撞之外，老师们也应多多交流。

获奖团队合影：盛紫轩、钟健达、施玲、李昊、邱妤菲菲（从左至右）

获奖团队代表介绍：

邱妤菲菲
湖南工业大学城市与环境学院建筑学 2017 级本科生。

获奖团队代表邱妤菲菲笔谈：

（1）什么样的契机下您参加了首届湖南省大学生可持续建筑设计竞赛?

湖南省首届大学生可持续建筑设计竞赛于 2020 年下半年由湖南省教育厅主办、中南大学承办的，当时刚好是疫情稍缓解返校，在学院看到关于竞赛的消息以后，便对关于“后浪时代下的大学空间”这一主题很感兴趣，因此报名参加了这次比赛。

（2）当时正是疫情初发时期，甚至还在线上上课，在设计过程中有哪些给您留下印象比较深刻的事?

我们整个设计合作的过程是在线下，还是很便捷轻松的，再者，我和我的队友在校课程设计中已合作过多次，彼此之间都已磨合得非常有默契，从概念到方案再到出图，配合得都相当顺畅。印象比较深刻的是有一次指导老师晚上九点开车来学院给我们看图，提出修改意见，让我们非常感动。

（3）您对当时获奖的感想?

收到获得一等奖的消息时我们比较意外，因为结果超出了我们的预期，我们觉得仍有一些内容没有深化好，但回想起竞赛期间每天挤时间与队友们共同的辛苦努力与付出，获奖后更多的感受是兴奋与激动。

（4）您认为参加湖南省大学生可持续建筑设计竞赛对您以后的学习与工作有何帮助?

这是我第二次参加竞赛，第一次获奖。可以说准备这次竞赛的整个过程进一步训练了我的竞赛思维，让我从平时的课程设计思维中跳脱了出来，同时，与队友们合作的这个过程，也增强了我团队协作的能力。

（5）其他您认为值得记述的与参加湖南省大学生可持续建筑设计竞赛有关的记忆?

出完图后碰到学院研究绿建技术方面的老师，他对我们的图纸做出了肯定，同时也指出了一些技术上面的问题，恰好我硕士阶段研究的也是这个方向，今后还需要加以学习。

中南林业科技大学获奖笔谈

张　楠

指导老师介绍：

张　楠

中南林业科技大学风景园林学院建筑学系教师，1999 年本科毕业于北京建筑工程学院（现北京建筑大学）建筑学专业。毕业后就职于中南林学院（现中南林业科技大学），担任建筑设计方向教师。2019 年谷雨杯全国大学生可持续建筑设计竞赛指导学生获得优秀奖。2020 年谷雨杯全国大学生可持续建筑设计竞赛指导学生获得二等奖。2020 年湖南省大学生可持续建筑设计竞赛指导学生获得一等奖。

教师笔谈：

（1）您对于 2020 年湖南省大学生可持续建筑设计竞赛题目的思考和理解是什么?

2020 年的竞赛主题是“后浪时代的大学空间”，通过对主题的解读，传统大学空间解决了学生的吃、学、住、行的物质需求，然而并没有解决学生在大学专业学习阶段对个人未来的发展感到的迷茫与焦虑，没有达到环境育人、以文“化”人的教育效果。大学空间设计不再仅仅是从单一的空间维度去思考和解决问题，而是可以在信息技术时代背景下探索如何用新的技术与新的思维方式，从多学科、多维度去思考解决问题的方法，从而创造新的校园空间，满足新的空间需求的本质。

（2）在指导过程中给您留下深刻印象的事情?

指导过程正逢疫情时期，前期对于设计主题的讨论和确定、中期的分析与表现都是通过线上来沟通和指导，信息网络技术在实际运用中的优劣性得到了充分的体验。这对竞赛设计中相关技术环节的设计提供了非常好的帮助。另外对于利用计算机算法来进行建筑空间和形式设计，在师生之间进行了热烈的探讨，传统与创新在激烈的探讨中碰撞出更多新的火花，在过程中老师和学生都各自对建筑设计的技术与方法有了新的思考。

（3）您对当前参加湖南省大学生可持续建筑设计竞赛的老师和学生有何建议?

希望学生们关注社会热点，保持更加开放和包容的态度去看待建筑设计，学会团队合作与相互配合。

获奖团队合影：赖东驰、范宜然、易潜荣、杨宇晟（从左至右）

获奖团队代表介绍：

杨宇晟

中南林业科技大学风景园林学院建筑学 2017 级本科生。

获奖团队代表杨宇晟笔谈：

（1）什么样的契机下您参加了首届湖南省大学生可持续建筑设计竞赛?

疫情期间，学院老师发出通知告知了我们这项竞赛，当时我们就比较感兴趣。之后学院进行了筛选，组织我们集体参加了湖南省大学生可持续建筑设计竞赛。

（2）当时正是疫情初发时期，甚至还在线上上课，在设计过程中有哪些给您留下印象比较深刻的事?

因为疫情大家在线上配合并不流畅，工作往返效率都比较慢。当时我和我的队友就决定线下租了一个房间大家一块住一段时间，之后的进展就还算相对顺利。

（3）您对当时获奖的感想?

对于我们而言是一种肯定和莫大的鼓励。

（4）您认为参加湖南省大学生可持续建筑设计竞赛对您以后的学习与工作有何帮助?

首先是在设计方面学习了很多，为了完成我们最初的构想我们在不熟悉的软件和未知的领域进行了很多尝试，比如在最一开始参数化不顺利的时候曾经试过“手动参数化”，不过后来都一一解决了。培养了我们合作能力和解决问题的能力，同时在参考案例的时候也开拓了我们的思路。这段经历中学习到的软件知识在未来的工作和学习中也会有所帮助。

（5）其他您认为值得记述的与参加湖南省大学生可持续建筑设计竞赛有关的记忆?

做完竞赛之后根本没想其他的，几个人凌晨去外边聚餐。

吉首大学获奖笔谈

杨　靖

指导老师介绍：

杨　靖

吉首大学土木工程与建筑学院规划与建筑系教师。工学博士，国家注册城市规划师，研究方向为土木建筑与规划设计。近年来指导学生荣获湖南省大学生城乡规划设计竞赛一等奖 2 项，二等奖 4 项，三等奖 7 项，指导西部之光大学生暑期规划设计竞赛荣获调查分析专项奖、佳作奖各 1 项，指导国家级大学生创新创业训练项目 2 项。

教师笔谈：

（1）您对于 2020 年湖南省大学生可持续建筑设计竞赛题目的思考和理解是什么？

2020 年的竞赛主题是“后浪时代的大学空间”，鼓励学生批判性地思考大学校园空间需求的本质。空间即社会，从人出发来塑造空间，在空间中注入人的情感一直是建筑设计的重要初心；而人在塑造空间的同时，空间也在塑造人，人与空间的互动关系是建筑设计的永恒话题。该主题以学生熟悉的校园空间作为切入点，引导其从社会维度批判和思考物质空间改造的可能，让学生有太多话想说，有太多感受欲发，激发了学生的创作热情，为他们提供了展示专业功底和创新潜能的良好平台。

（2）在指导过程中给您留下深刻印象的事情？

指导过程中最有意思的事情是学生们拿到主题以后极其兴奋，即刻沉浸在为主题广泛搜罗素材和初步构思的高度专注中，对校园的犄角旮旯也不放过，总要想想有没有可挖掘的价值，上课吃饭休息的路上总是在神游状态，对周围其他人和事都处于麻木的敷衍中，但一和我聊起竞赛就眉飞色舞，滔滔不绝。经过一段时间的日夜苦思和无数否定之否定的螺旋上升式迷茫、纠结与痛苦后，在反复多次与我和王文广老师汇报、沟通，在与龚燕贵老师、王莉莉老师和朱丹迪老师等和其他小组进行多次交流后，学生们获得不少启迪和收获，终于达成基本共识，确定了主攻方向。这些经历也印证了每一份优秀作品诞生之前必经的阵痛。

获奖团队合影：朱建军、伍金姣、刘丽娜、王兆涵（从左至右）

获奖团队代表介绍：

王兆涵

吉首大学土木工程与建筑学院建筑学 2017 级本科生。

获奖团队代表王兆涵笔谈：

（1）什么样的契机下您参加了首届湖南省大学生可持续建筑设计竞赛?

在学校老师们的宣传下，知道了首届可持续建筑设计竞赛，出于对未来城市可持续发展的思考，也是由于兴趣使然，便与同学组队一起参与进来，成为众多参赛小组的一员。

（2）当时正是疫情初发时期，甚至还在线上上课，在设计过程中有哪些给您留下印象比较深刻的事?

虽然由于疫情原因无法顺利开展一些校外的调研活动，但因所选场地在校内，所以对所选场地进行了多轮精细调研，团队成员把教学楼上上下下里里外外都跑了个遍。

（3）您对当时获奖的感想?

最初是抱着做完、做好的心态去完成的，并未想过能获奖，最终荣获一等奖确实是意外之喜。我们的初衷是把它当作自己设计生涯的其中一个阶段作品去做的，在过程中团队成员和指导老师都付出了很多努力，不断讨论、修改、完善，才有最终的成果。

（4）您认为参加湖南省大学生可持续建筑设计竞赛对您以后的学习与工作有何帮助?

学生生涯的作品带有一丝理想性在里面，我希望今后的职业生涯还能保持对设计的一种“梦幻感”，还能去探索一些可能性。保持新鲜的活力是我认为一个建筑师始终要坚持的一种品质。

（5）其他您认为值得记述的与参加湖南省大学生可持续建筑设计竞赛有关的记忆?

记得当时还和一位朋友很认真地说，这个作品说不定未来真的能落地呢!

湖南理工学院获奖笔谈

冯　敬

指导老师介绍：

冯　敬

湖南理工学院教师，高级建筑师，国家一级注册建筑师，国家注册城乡规划师，国家工程司法鉴定员。

教师笔谈：

“后浪”是指一个年轻群体，“后浪时代”是相对前浪的一个流动的时空概念，“后浪时代的大学空间”是指以一群年轻学生对大学空间的观察、理解和需求。在这么一个题目下，他们既是设计师又是使用者，在调研过程中既观察他人也观察自己。

每一个高校建筑学教师都希望有机会能在他们的大学留下作品，就像格罗皮乌斯在哈佛大学留下研究生中心，密斯在伊利诺伊理工大学留下克朗楼。每个学生都希望在他们成长的环境中留下永恒的记忆，像贝聿铭大师那么幸运，在世界成名后能够回到他儿时成长的地方完成自己的封山之作。后浪时代的大学空间给老师提供认真思考大学空间、虚拟建构的机会，也给学生播下了反哺他成长环境的种子。

竞赛期间刚好碰上疫情，很多学生没有到校，调研、选址、新建、改建等很多要到现场解决的事情，同学们都只能凭记忆解决，他们对校园的每栋建筑、每个场所、每个角落是那么熟悉，基本都能虚拟还原。同时每个设计方案都是他们具体设计构思的虚拟表达，从各个角度入手，通过各种风格展示、各种形体体现，有各种未来的假设、各种愿望的诉求等。有的从使用者需求出发，有的从环境和风貌出发，有的追求材料的表达性，有的追求空间的流动性，有的追求光影变化感等。其中以陈建妃、陈文丽同学的“潮汐造——基于数字技术下的教学模式”为代表，该作品主体分为四个模块构成，功能从上到下依次为：私密—教学—活动交流，构成为一个休闲、教学、交流一体化的建筑。其具备扩展、衍生性，通过空间尺度、高度、水、风、光影变化等周围环境等外界条件，唤起情感与集体记忆。空间形成了一种节奏感并突出空间序列的完整感，同时预留大面积开放延伸空间和灰空间，参与者在场景中感知空间序列，节奏不断变化从而产生不同体验。

最后感谢中南大学建筑与艺术学院和组委会的无私和精心出题、组赛、评审、出版。感谢通过这个平台认识的各学校的同仁们，感谢同学们积极参与，感谢刘慧老师对参赛学生组织和指导。

获奖团队合影：陈建妃、陈文丽（从左至右）

获奖团队代表介绍：

陈建妃

湖南理工学院土木建筑工程学院建筑学 2016 级本科生。

获奖团队代表陈建妃笔谈：

（1）什么样的契机下您参加了首届湖南省大学生可持续建筑设计竞赛?

记得当时疫情之下，突然开启了一种新的学习模式——居家网络上课，由一开始的不适应到后面习惯通过网络大数据信息收集来自学，刚好有刘老师指导，我们也想通过参加竞赛来提升自己的设计能力，在这个契机之下参加了这次竞赛。

（2）当时正是疫情初发时期，甚至还在线上上课，在设计过程中有哪些给您留下印象比较深刻的事?

我们在设计之初就确立了基于对后疫情时代的设计思路，结合我们建筑学大学生的身份，希望通过设计体现建筑对人文需求的满足。针对这些想法，我们和指导老师也是通过线上汇报的方式进行交流，当时每个星期都会参加腾讯会议，和队友沟通也是通过视频聊天的方式。

（3）您对当时获奖的感想?

起初只是想做好一个设计，后来得知获奖是很开心的。

（4）您认为参加湖南省大学生可持续建筑设计竞赛对您以后的学习与工作有何帮助?

参加湖南省大学生可持续建筑设计竞赛我感觉可以知道自己的设计在同期生中是怎样的一个水准，是蛮有意义的。

（5）其他您认为值得记述的与参加湖南省大学生可持续建筑设计竞赛有关的记忆?

整个竞赛设计中和队友的沟通很有趣，通过线上一起连线熬夜画图也是一次特殊的经历。

湖南科技学院获奖笔谈

陈思佳

指导老师介绍：

陈思佳

现任湖南科技学院土木与环境工程学院教师，本硕皆毕业于湖南大学建筑学专业，主要研究方向为建筑设计及其理论。2017～2019年于奥意建筑工程设计有限公司从事方案设计，积累了丰富的方案设计经验。

教师笔谈：

（1）您对于2020年湖南省大学生可持续建筑设计竞赛题目的思考和理解？

2020年可持续竞赛以“后浪时代的大学空间”为题，关键体现在对“后浪”与“空间”的理解。空间是一种物质的存在，也是一种形式的存在，是一种社会关系的容器。换言之，如果我们从这个更高维的视角来审视“空间”这个“存在”时，空间便具有了三个维度的意义：物质层面、精神层面与社会层面。分析重点应落在三方面，一是后浪“大学生”的需求分析，二是挖掘后浪时代的教育变革，三是分析“后浪时代”可持续技术背景，当然最终共同落脚点都在新教育空间设计上。

（2）在指导过程中给您留下深刻印象的事情？

设计竞赛对于低年级学生来说有点困难，主要在于知识体系还不够完善，不过经历了这次竞赛，学生在设计课上的逻辑思维能力明显增强了，使用软件的水平也得到了飞速提升，甚至一些专业上迷茫的学生也因此找到了学习的方向。这次竞赛虽然成绩不佳，但对低年级学生来讲却是一场宝贵的体验。

（3）您对当前参加湖南省大学生可持续建筑设计竞赛的老师和学生有何建议？

经历了作为指导老师的“第一次”，我认为设计竞赛，老师依然要学会“因材施教”，对于低年级的学生，重在学习，要通过每个阶段严格的监督指导来巩固学生的方法论。而对于高年级的学生，要给予适当的自由度来维持学生对创作的热情。作为学生来讲，在保证创造性的同时一定不要忽视锻炼自身逻辑思维能力，任何可行的事物都有自己的说法，所以在平时生活当中一定要多观察、多思考，完善自身的知识体系。

获奖团队合影：何明珠、郭心茹、田玮锟、易耀辉（从左至右）

获奖团队代表介绍：

易耀辉

湖南科技学院土木与环境工程学院建筑学 2019 级本科生。

获奖团队代表易耀辉笔谈：

（1）什么样的契机下您参加了首届湖南省大学生可持续建筑设计竞赛?

作为大二的学生，我和小组成员们为了更加深入了解建筑方面的知识，于是在课程设计之余，通过参加一些更加有拓展性的专业比赛来增强设计能力，进而拓宽专业视野。

（2）当时正是疫情初发时期，甚至还在线上上课，在设计过程中有哪些给您留下印象比较深刻的事?

因为疫情的原因，2020 年上半年并未线下上课，但却有了更多的时间静下心来自学专业软件，软件实操能力得到了较大提升。不过在设计过程中，小组成员只能通过线上交流，有一些地方还是沟通不到位，比如理念的整合和实施、小组分工等。因此我认为做设计，沟通方式很重要。

（3）您对当时获奖的感想?

我们是我们学校建筑学招收的第一届学生，当时参加这个比赛没想过拿奖，主要就是学习为主，能够把自己的作品认真完成，不半途而废就已经实现了自己的目标。后来在得知获奖时激动了许久，非常有成就感。在激动之余，我们也认识到，一定要继续努力，争取以后做得更好。

（4）您认为参加湖南省大学生可持续建筑设计竞赛对您以后的学习与工作有何帮助?

通过省可持续建筑设计竞赛这个平台，我看到了其他更优秀的同学，他们比我更努力，做出了那么多优秀的值得参考学习的作品，激励我在以后的学习和工作中更加严格要求自己，提高自己。同时，也激发了我的专业自信，在我参与设计的过程中，深刻体会到从无知到探索的过程，不断地充实了自己的专业能力。

（5）其他您认为值得记述的与参加湖南省大学生可持续建筑设计竞赛有关的记忆?

我认为可持续建筑设计竞赛相比于平时课程设计，设计概念性更强，给予了设计者们更宽阔的思路和发挥空间，这对喜欢设计的同学来说是一件十分有挑战性和趣味性的事。

湖南工学院获奖笔谈

文　静

指导老师介绍：

文　静

湖南工学院青年教师，硕士毕业于湖南大学建筑学专业，现于南华大学资源环境与安全工程学院攻读博士学位，方向为环境行为学和人因工程。在校任职期间，带领学生参加湖南省大学生城乡规划设计竞赛共获得一等奖 1 项，二等奖 3 项。主持湖南省自然科学基金 1 项，湖南省教育厅科学研究项目、校级科研项目等多项。

教师笔谈：

（1）您对于 2020 年湖南省大学生可持续建筑设计竞赛题目的思考和理解是什么?

本届竞赛题目为“后浪时代的大学空间”，我想首先从后浪这个词去理解。我和我的学生都同属 90 后，我们对所处环境、某个场所记忆，甚至某种装饰符号都能迅速产生共鸣，我们依靠共同记忆迅速拉近彼此距离。其次，未来大学校园里的教师都将越来越年轻化，而校园里的所有青年，理应容得下更多元的文化、不同的审美和同一却不“统一”的价值观，因此我们设想后浪时代应构建一个师生共享、师生共存、师生共忆的大学空间，去创造属于后浪时代最好的校园青春记忆。所以最后，我们将青春记忆定格在学术交流中心这一小地方上，无论是设计对象还是设计方案中的一些巧思皆对应了前文共享、共存、共忆的思想。

（2）在指导过程中给您留下深刻印象的事情?

临近交图时间学生却要去外地开展调研实习。我们利用调研休息时间时刻保持沟通，分享新思路和参考样图。看到学生们每晚都在熬夜，精神和身体上都疲惫至极却还坚持着一定要完成。好在最终大家的努力没有白费。师生同心，都为了同一目标在努力，这点让我印象深刻。

（3）您对当前参加湖南省大学生可持续建筑设计竞赛的老师和学生有何建议?

多接触设计前沿，了解设计前沿思想、手法、材料等。另外，也要接地气、了解民生，两者可融会贯通。

获奖团队合影：李翔、汤敏、薛翔宇、张建新（从左至右）

获奖团队代表介绍：

张建新
湖南工学院土木与建筑工程学院建筑学 2018 级本科生。

获奖团队代表张建新笔谈：

（1）什么样的契机下您参加了首届湖南省大学生可持续建筑设计竞赛?

竞赛对于我们是一个迅速也是最佳提高画图水平的方法。在学院老师的大力宣传和鼓励之下，我们几个感兴趣的同学自发组建了设计小组。

（2）当时正是疫情初发时期，甚至还在线上上课，在设计过程中有哪些给您留下印象比较深刻的事?

我们的调研方式是在网上查询资料，而不是通过线下调研。包括小组讨论也是通过互联网这个媒介进行的。

（3）您对当时获奖的感想?

感谢各位老师对我们的鼓励与支持，下次我们会更加努力，使作品达到更高的层次。

（4）您认为参加湖南省大学生可持续建筑设计竞赛对您以后的学习与工作有何帮助?

我们能够在设计过程中，学习运用绿色建筑技术，使自己的建筑设计更加完善，更好地满足人们对于建筑的需求。

（5）其他您认为值得记述的与参加湖南省大学生可持续建筑设计竞赛有关的记忆?

我们团队从最开始的选题调研分析设计，也走过一些弯路，遇到过一些困难，但在老师的帮助下，我们顺利完成了竞赛。

湖南工程学院获奖笔谈

谢　晶

指导老师介绍：

谢　晶

讲师，硕士。1982 年 12 月出生，湘潭人。毕业院校、专业（方向）：昆明理工大学、建筑设计及其理论。目前工作单位：湖南工程学院建筑工程学院。

教师笔谈：

“后浪时代”是 2020 年关键词之一，很火很热。校园里的年轻人担起了“后浪”的荣光，他们善良勇敢、无所畏惧，心中有火，眼里有光。“后浪”们励志在新的时代背景下，逐步成为社会中坚力量，承担起社会继往开来的重任。“后浪时代”的校园空间应成为其孵化器，聚集少年强的力量，磨砺四时春秋，一朝破竹，振翅飞翔。

设计竞赛对于教学有推动作用。自题目公布以后，我们将其植入了设计课程。不仅打破了墨守成规的原题设置，也推进了组队学习的教学行为。由于学生参赛是自愿参加，学习的主动性非常强。从针对“后浪时代下的校园空间”社会调研工作，到设计目标的获得，再到设计进程的拟定，学生几乎能自主完成。将近两年在课堂上的所学、所想和技能，展露无遗。

要抓住省级参赛的交流学习机会。首先，参赛时考虑多专业联合，例如建筑设计、城市规划、园林景观、土木工程等专业之间的合作机会。其次，注重各院系之间的交流学习，例如前期调研、中期答辩等环节。

四 后记

终于，经过半年多的努力，这本竞赛获奖作品精品集付梓出版了，心绪久久不能平静。

这不仅仅是一本获奖作品集，更是湖南省建筑教育界同仁们多年努力的结晶。高等教育需要开放与交流，但是多年来，湖南省内各高校之间的交流始终差强人意。2016 年和几位省内高校建筑学专业教师聊及联合毕业设计时，大家提出“中南大学作为省内 985 高校，能否首先牵头，办一届省内高校的联合毕业设计”。彼时作为系主任，硬着头皮，在学科带头人石磊教授的领导下，在省内同仁的渴望与支持下，中南大学作为主办方，举办了“2017 年首届湖南省建筑学专业六校联合毕业设计”。答辩时，各校均由院长带队，汇集了 100 多位师生。如此规模与重视程度，远远超过我们的期望，也让我们看到了大家渴望交流的热情。随后，联合毕业设计由各校轮流举办，迄今已举办 6 届，规模扩展至八校参与。

随着校际之间的交流增多，大家慢慢萌生了举办一个和教学紧密相关的学科竞赛的想法，最好能由教育行政主管部门支持，提升学校对竞赛的认可度。2019 年，我们联合了湖南省所有开设有建筑学本科专业的 13 所高校，向湖南省教育厅申请举办“湖南省大学生可持续建筑设计竞赛”。幸得省厅领导的大力支持，将这个竞赛正式纳入省厅举办的学科竞赛目录中。在此，感谢湖南省教育厅的领导！

2020 年，中南大学正式承办了首届比赛，重点突出竞赛与教学的融合性，鼓励各高校将竞赛题目作为课程设计题目。随后在复赛中收到了 270 份作品，经过评审组的评选，选出一、二、三等奖作品共 95 份。在此，感谢评审组的张伶伶教授、李保峰教授、蒋涤非教授、杨瑛总建筑师、罗劲总建筑师、徐峰教授、石磊教授的辛勤付出！

今年，竞赛已是第三届，参与的学生越来越多，获奖的师生越来越多，竞赛的组织越来越规范，竞赛结合教学的方式越来越被接受，通过竞赛提升湖南省建筑教育水平的目的正在逐步实现。由此产生了将优秀获奖作品集结成书的想法，希望为获奖师生留作纪念，为后续师生提供参考，也希望展示湖南省建筑教育的成果，发出湖南的声音。在此，感谢为此付出努力的专家和省内建筑教育界同仁！

最后，感谢所有参与竞赛的同学们！你们的努力，让我们看到了湖南省建筑教育的成功和不足，为我们的后续改进提供了有益的参考；感谢所有指导竞赛的老师们！是你们的无私付出和默默耕耘，促进了湖南建筑教育的蓬勃发展。感谢中国建筑工业出版社对建筑学专业教育与工作一如既往地支持！

解明镜
2022 年 7 月 18 日
于国家教育行政学院

图书在版编目（CIP）数据

可持续建筑设计竞赛获奖精品集 . 2020 年 = Portfolio of Sustainable Architecture Design Competition（2020）/ 解明镜主编 . — 北京 : 中国建筑工业出版社，2022.12

（高等学校建筑类专业设计作品集 / 石磊主编 . 湖南省可持续建筑设计竞赛获奖作品选集）

ISBN 978-7-112-28148-0

Ⅰ . ①可… Ⅱ . ①解… Ⅲ . ①建筑设计—作品集—中国—现代 Ⅳ . ① TU206

中国版本图书馆CIP数据核字（2022）第209402号

责任编辑：王 惠 陈 桦
责任校对：芦欣甜

高等学校建筑类专业设计作品集
湖南省可持续建筑设计竞赛获奖作品选集
丛书主编 石 磊
可持续建筑设计竞赛获奖精品集（2020年）
Portfolio of Sustainable Architecture Design Competition（2020）
解明镜 主编
*
中国建筑工业出版社出版、发行（北京海淀三里河路 9 号）
各地新华书店、建筑书店经销
北京海视强森文化传媒有限公司制版
北京富诚彩色印刷有限公司印刷
*
开本：880 毫米 × 1230 毫米 1/16 印张：8 字数：142 千字
2023 年 6 月第一版 2023 年 6 月第一次印刷
定价：**119.00** 元
ISBN 978-7-112-28148-0
（40216）